W0256550

Zur Einführung.

Die Werkstattbücher behandeln das Gesamtgebiet der Werkstatttechnik in kurzen selbständigen Einzeldarstellungen; anerkannte Fachleute und tüchtige Praktiker bieten hier das Beste aus ihrem Arbeitsfeld, um ihre Fachgenossen schnell und gründlich in die Betriebspraxis einzuführen.

Die Werkstattbücher stehen wissenschaftlich und betriebstechnisch auf der Höhe, sind dabei aber im besten Sinne gemeinverständlich, so daß alle im Betrieb und auch im Büro Tätigen, vom vorwärtsstrebenden Facharbeiter bis zum leitenden Ingenieur Nutzen aus ihnen ziehen können.

Indem die Sammlung so den einzelnen zu fördern sucht, wird sie dem Betrieb als Ganzem nutzen und damit auch der deutschen technischen Arbeit im Wettbewerb der Völker.

Bisher sind erschienen:

Heft 1: Gewindeschneiden. (7.—12. Tausd.) Von Obering. O. Müller.

Heft 2: Meßtechnik. Zweite, verbesserte Auflage. (7.—14. Tausend.) Von Professor Dr. techn. M. Kurrein.

Heft 3: Das Anreißen in Maschinenbauwerkstätten. (7.—12. Tausend.) Von Ing. H. Frangenheim.

Heft 4: Wechselräderberechnung für Drehbänke. (7.—12. Tausend.) Von Betriebsdirektor G. Knappe.

Heft 5: Das Schleifen der Metalle. Zweite, verbesserte Auflage. Von Dr.-Ing. B. Buxbaum.

Heft 6: Teilkopfarbeiten. (7.—12. Tausend.) Von Dr.-Ing. W. Pockrandt.

Heft 7: Härten und Vergüten. 1. Teil: **Stahl und sein Verhalten.** Zweite, verbess. Auflage. (7.—15. Tausd.) Von Dipl.-Ing. Eugen Simon.

Heft 8: Härten und Vergüten. 2. Teil: **Praxis der Warmbehandlung.** Zweite, verbesserte Auflage. (7.—15. Tausend.) Von Dipl.-Ing. Eugen Simon.

Heft 9: Rezepte für die Werkstatt. (7.—10. Tausend.) Von Ing.-Chemiker Hugo Krause.

Heft 10: Kupolofenbetrieb. Von Gießereidir. C. Irresberger.

Heft 11: Freiformschmiede. 1. Teil: **Technologie des Schmiedens. — Rohstoffe der Schmiede.** Von Direktor P. H. Schweißguth.

Heft 12: Freiformschmiede. 2. Teil: **Einrichtungen und Werkzeuge der Schmiede.** Von Direktor P. H. Schweißguth.

Heft 13: Die neueren Schweißverfahren. Zweite, verbesserte u. vermehrte Auflage. Von Prof. Dr.-Ing. P. Schimpke.

Heft 14: Modelltischlerei. 1. Teil: **Allgemeines. Einfachere Modelle.** Von R. Löwer.

Heft 15: Bohren. Von Ing. J. Dinnebier.

Heft 16: Reiben und Senken. Von Ing. J. Dinnebier.

Heft 17: Modelltischlerei. 2. Teil: **Beispiele von Modellen und Schablonen zum Formen.** Von R. Löwer.

Heft 18: Technische Winkelmessungen. Von Prof. Dr. G. Berndt.

Heft 19: Das Gußeisen. Von Ing. Joh. Mehrtens.

Heft 20: Festigkeit und Formänderung. Von Studienrat Dipl.-Ing. H. Winkel.

Heft 21: Einrichten von Automaten. 1. Teil: **Die Systeme Spencer und Brown & Sharpe.** Von Ing. Karl Sachse.

Heft 22: Die Fräser. Von Ing. Paul Zieting.

Heft 23: Einrichten von Automaten. 2. Teil: **Die Automaten System Gridley (Einspindel) u. Cleveland u. die Offenbacher Automaten.** Von Ph. Kelle, E. Gothe, A. Kreil.

Heft 24: Der Stahl- und Temperguß. Von Prof. Dr. techn. Erdmann Kothny.

Heft 25: Die Ziehtechnik in der Blechbearbeitung. Von Dr. Ing. Walter Sellin.

Heft 26: Räumen. Von Ing. Leonhard Knoll.

Heft 27: Einrichten von Automaten. 3. Teil: **Die Mehrspindel-Automaten.** Von E. Gothe, Ph. Kelle, A. Kreil.

Heft 28: Das Löten. Von Dr. W. Burstyn.

Heft 29: Die Kugel- und Rollenlager (Wälzlager). Von Hans Behr.

Heft 30: Gesunder Guß. Von Prof. Dr. techn. Erdmann Kothny.

Heft 31: Gesenkschmiede. 1. Teil: **Arbeitsweise und Konstruktion der Gesenke.** Von P. H. Schweißguth.

Heft 32: Die Brennstoffe. Von Prof. Dr. techn. Erdmann Kothny.

Aufstellung der in Vorbereitung befindlichen Hefte s. 3. Umschlagseite.

Jedes Heft 48—64 Seiten stark, mit zahlreichen Textfiguren.

WERKSTATTBÜCHER

FÜR BETRIEBSBEAMTE, VOR- UND FACHARBEITER
HERAUSGEGEBEN VON EUGEN SIMON, BERLIN

HEFT 29

Kugel- und Rollenlager
(Wälzlager)

Unter besonderer Berücksichtigung
des Einbauens

Von

Hans Behr

Mit 197 Figuren im Text

Springer-Verlag Berlin Heidelberg GmbH
1927

Inhaltsverzeichnis.

Abkürzungen.

Die Wälzlager werden mit einem Stempel versehen, der eine Abkürzung der Firmenbezeichnung darstellt, die auch in diesem Buche oft benutzt werden. Die sonst noch auf dem Lager ersichtlichen Zeichen lassen das Herstellungsjahr und oft auch noch die verwendete Stahlsorte erkennen.

B. K. F. Berliner Kugellagerfabrik G. m. b. H.; A. Riebe, Berlin-Wittenau.
D. K. F. Deutsche Kugellagerfabrik G. m. b. H., Leipzig-Plagwitz.
D. W. F. Berlin-Karlsruher Industriewerke, Kugellagerwerk, Berlin-Borsigwalde.
F. A. G. Erste automatische Gußstahlkugelfabrik vorm. Fr. Fischer A.-G., Schweinfurt a. Main.
F. & H. Deutsche Gußstahlkugel- und Maschinenfabrik A.-G. vorm. Fries & Höpflinger, Schweinfurt a. Main.
F. & S. Schweinfurter Präzisions-Kugellagerwerke Fichtel & Sachs, Schweinfurt.
Hollmann oder F. H. W. Friedrich Hollmann, Wetzlar.
Norma. Norma-Co., Stuttgart-Cannstatt.
R. H. L. Maschinenfabrik „Rheinland", Düsseldorf.
R. F. W. Riebe-Werke A.-G., Berlin-Weißensee.
S. K. F. Aktienbolaget Svenska Kullager-Fabriken Göteborg Schweden.
S. K. F.-Norma G. m. b. H., Berlin[1]).

[1]) Stellt keine Wälzlager her, der Kugellagerkonvention angeschlossene Händlerfirma.

Copyright 1927 by Springer-Verlag Berlin Heidelberg
Ursprünglich erschienen bei Julius Springer in Berlin 1927
ISBN 978-3-7091-2320-1   ISBN 978-3-7091-2322-5 (eBook)
DOI 10.1007/978-3-7091-2322-5

I. Allgemeines.

Bei Kugel- und Rollenlagern (Wälzlager) berühren sich Wellenzapfen und Lagerteil nicht.

Durch die zwischengeschalteten Wälzkörper (Kugeln oder Rollen) wird die gleitende Reibung möglichst ausgeschaltet und durch rollende Reibung ersetzt.

Im Gegensatz zu den Gleitlagern besitzen alle Teile des Wälzlagers mit Ausnahme des Käfigs eine große Härte.

Die Entwicklung des Wälzlagers beginnt als Kugellager mit der Einführung des Fahrrades und gelangt zu ihrer Blüte durch die zunehmende Verbreitung des modernen Kraftwagens. Heute beschränkt sich ihre Verwendung jedoch nicht auf diese Gebiete, sondern erstreckt sich auch auf viele andere Lagerungen, auch solche, für die man früher die Wälzlager für ungeeignet hielt.

Die konstruktive Durchbildung des Kugellagers kann als nahezu abgeschlossen gelten, dagegen steht das Rollenlager, das gerade in den letzten Jahren ein erfolgreicher Wettbewerber des Kugellagers geworden ist, noch ganz in der Entwicklung.

Die moderne Kugellagerfabrikation nahm ihren Ausgang in Schweinfurt a. M., wo im Jahre 1883 Friedrich Fischer die nach ihm benannte Kugelfabrik gründete. Seitdem sind allein in Deutschland mehrere große Wälzlagerfabriken entstanden, von deren Erzeugnisse ein großer Teil ins Ausland geht, da gerade die deutschen Wälzlager von hervorragender Güte sind.

Man unterscheidet zwei Hauptarten von Wälzlagern:
a) Querlager,
b) Längslager.

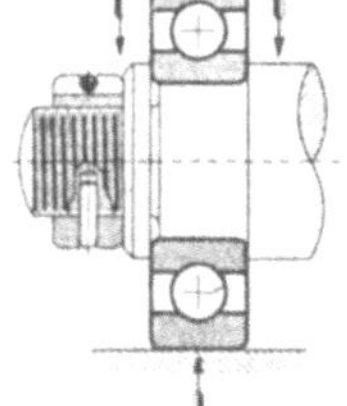

Fig. 1. Querlager.

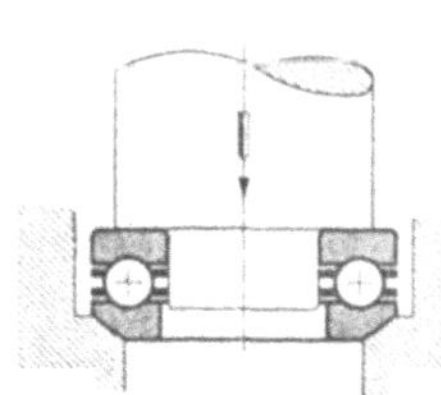

Fig. 2. Längslager.

„Querlager" übertragen eine Belastung quer, d. h. senkrecht zur Achsenrichtung (Fig. 1). Weniger eindeutig sind die bisher üblichen Bezeichnungen: Radiallager, Ringkugellager, Traglager, Laufringsystem usw.

„Längslager" (Fig. 2) nehmen im Gegensatz hierzu Kräfte in der Längsrichtung der Achse auf; sie wurden auch mit Drucklager, Stützkugellager, Axiallager, Scheibenlager oder Spurlager bezeichnet. — Auch die Benennung der Einzelteile ist genormt und in dem Übersichtsblatt DIN 615, von dem Fig. 3 einen Auszug bildet, zusammengestellt.

II. Die wissenschaftlichen Grundlagen der Kugellager.

Im Auftrage der Deutschen Waffen- und Munitionsfabriken (D. W. F.), jetzt Berlin-Karlsruher Industriewerke, unternahm Prof. Stribeck im Jahre 1898 in der wissenschaftlich-technischen Versuchsanstalt zu Neubabelsberg Forschungsarbeiten, deren Ergebnisse durchweg noch heute für die Berechnung und Beurteilung der Wälzlager Geltung haben.

Die nachfolgenden Ausführungen über die Prüfung der Kugeln sind zum Teil diesen grundlegenden Arbeiten entnommen[1]).

Benennungen der Kugellager und Kugellagerteile nach DIN 619.

Kugellager

Benennung				Bild	DIN
Querlager	Einreihige	leichte	Querlager	ohne mit Einstellring 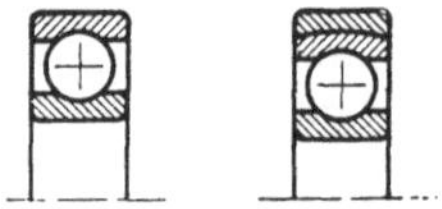	612
		mittelschwere			613
		schwere			614
	Zweireihige	leichte		ohne mit Einstellring 	622
		mittelschwere			623
		schwere			624
	Einreihige	leichte	Spannhülsenlager	ohne mit Einstellring 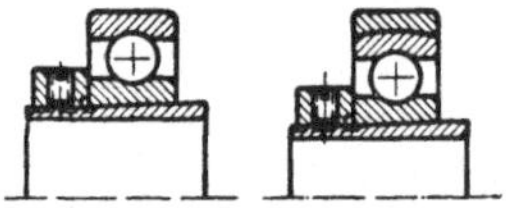	632
		mittelschwere			633
	Zweireihige	leichte		ohne mit Einstellring 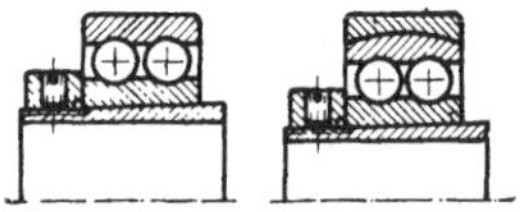	642
Längslager	Schulterlager				
	Längslager				
	Ballige Längslager				
	Längslager mit Einstellscheibe				
	Wechsellager				
	Ballige Wechsellager				

Einzelteile

Benennung	Bild
Innenring	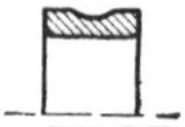
Kegel-Innenring	
Zweireihiger Innenring	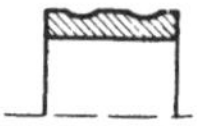
Zweireihiger Kegel-Innenring	
Außenring	
Balliger Außenring	
Zweireihiger Außenring	
Zweireihiger balliger Außenring	
Einstellring	
Spannhülse mit Mutter	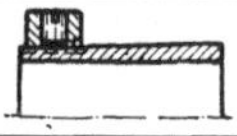
Ringkäfig	
Schulterlager-Außenring	
Enge Scheibe	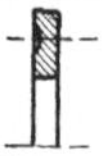
Weite Scheibe	
Ballige Scheibe	
Einstellscheibe	
Mittelscheibe	

Fig. 3.

Prüfverfahren und Belastung für gehärtete Kugeln.

1. Ermittlung der Bruchfestigkeit. Zwischen zwei gehärtete Stahlstempel werden drei gehärtete Kugeln gleicher Größe eingespannt (Fig. 4).

Bei Belastung bricht in der Regel die mittlere Kugel diametral durch. Das gleiche Ergebnis erzielt man mit wesentlich geringerem Druck, wenn man während des Versuches dauernd belastet und entlastet. Man unterscheidet daher eine obere und eine untere Bruchgrenze. Der Druck bei der unteren Bruchgrenze beträgt $^1/_2 \div ^3/_4$ von dem bei der oberen.

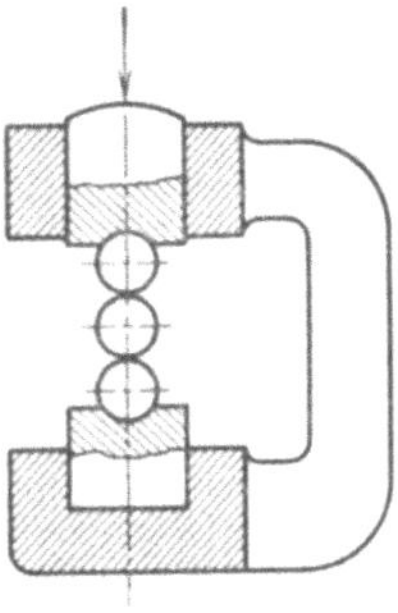

Das Aussehen der Bruchfläche erlaubt Schlüsse auf die Härtebehandlung und Durchhärtung der Kugel, während die Bruchlast die Festigkeit bestimmt. Das wichtigste Kriterium für die Güte der Kugel ist aber die Sprunglast (Kreissprunglast), das ist diejenige Belastung, bei der der erste Sprung (Riß) auftritt.

Fig. 5.

Fig. 4. Prüfvorrichtung für Kugeln.

Die Sprunglast liegt immer wesentlich unter der Bruchlast, sie ruft einen kreisrunden Sprung (Fig. 5) hervor, der erst nach der Ätzung unterm Mikroskop wahrgenommen werden kann. Die Formänderungsarbeit bis zum Eintritt dieses Sprunges ist ein Maß für die Zähigkeit der Kugel.

Die Versuche ergaben ferner, daß Bruchlast und Sprunglast dem Quadrat des Kugeldurchmessers (d) proportional sind.

Für den Belastungsfall: 3 Kugeln übereinandergestellt ist die obere Bruchgrenze angenähert $5000 \div 7000 \, d^2$ (d in cm), die Kreissprunglast für gehärtete und geschliffene Kugeln höchstens $500 \, d^2$.

Beispiel: Kugeldurchmesser $d = 4$ mm; $d^2 = 0,16$ (cm).

Obere Bruchlast . $= 7000 \cdot 0,16 = 1120$ kg
Normale Bruchlast $= 5000 \cdot 0,16 = 800$ kg
Sprunglast . . . . $= 500 \cdot 0,16 = 80$ kg.

Die auf die Einheiten des Durchmesserquadrates entfallenden Lasten heißen spezifische Bruch- bzw. Sprunglasten.

Die einer Belastung von $500 \, d^2$ kg entsprechende mittlere Pressung der Kugel in kg/cm² nennt man Härteziffer oder Druckhärte; sie liegt für Chromstahlkugeln allerbester Ausführung zwischen $550 \div 650$. Die Härteziffer wird zur Beurteilung der Kugeln z. B. bei Abnahmeprüfungen benutzt.

2. Anschmiegung und zulässige Belastung. Druckversuche mit einer Kugel zwischen hohlkugeligen Stempeln (Prüfvorrichtung wie Fig. 4) ergaben eine obere Bruchgrenze von $\approx 13000 \, d^2$ kg. Zwischen ebenen Platten liegt die obere Bruchgrenze rund 40% niedriger.

Die Form der Druckfläche hat also großen Einfluß auf die Belastungsfähigkeit der Kugeln; es ergibt sich, daß eng sich anschmiegende Laufrillen von Kugellagern wesentlich höhere Belastungen übertragen können als flachere.

Will man bei den 3 Belastungsfällen (Kugel gegen gleich große Kugel — Kugel zwischen halbrunden, anschmiegenden Stempeln — Kugel zwischen ebenen Platten) stets die gleiche Pressung p erhalten, und setzt man für den Fall: „Kugel zwischen

---

[1]) Prof. Stribek: Kugellager für beliebige Belastungen. V. d. I. 1901, S. 73ff. Die wesentlichen Eigenschaften der Gleit- und Rollenlager. V. d. I. 1902, S. 1341ff. Prüfverfahren für gehärteten Stahl unter Berücksichtigung der Kugelformen. V. d. I. 1907, S. 1445ff.

gleich großen Kugeln" die Belastung $P_B = 1$, dann wird für den Fall: „Kugel zwischen zwei hohlkugeligen Stempeln mit dem Wölbungsdurchmesser $2d$" die Belastung: $P'_B = 16\,P_B$ und für „Kugel zwischen ebenen Platten" die Belastung: $P''_B = 4\,P_B$.

Diese Tatsache zeigt besonders deutlich die Überlegenheit der Kugellager mit Laufrillen im Innen- und Außenring gegenüber Lagern mit nur einer Rille und einem glatten Ring oder ähnlichen Ausführungen[1]).

Da die Kugeln sehr hart sein müssen, platten sie sich unter Belastung nur sehr wenig ab, bekommen daher nur eine kleine Berührungsfläche und infolgedessen eine große spez. Flächenpressung. Liegt die belastete Kugel nun im Laufring, der gleichfalls sehr hart ist, so hängt die Eindrückung und damit die Flächenpressung von der Anschmiegung der Laufbahn an die Kugel ab: Die Flächenpressung ist um so kleiner und daher die Belastungsfähigkeit der Kugel um so größer, je mehr die Bahn sich an die Kugel anschmiegt.

Die zulässige Belastung (P_0) der Kugel wählt man gleich einem Bruchteil der Sprunglast, und da diese proportional d^2 ist, so kann man setzen: $P_0 = k \cdot d^2$, worin k die zulässige Belastung für eine Kugel vom Durchmesser $= 1$ ist.

Wie groß k gewählt wird, d. h. welcher Bruchteil der Sprunglast als zulässig angenommen wird, das hängt in erster Linie von der Anschmiegung ab, so daß also in den gebräuchlichen Werten von k (s. S. 19) die üblichen Anschmiegungsverhältnisse zum Ausdruck kommen. Einen Einfluß auf k hat aber auch noch die Umlaufzahl des Lagers: je größer sie ist, um so kleiner muß k gewählt werden.

Große Anschmiegung der Laufbahn wählt man bei hoher Belastung, wie sie zusammen mit kleiner Umlaufzahl bei Lagern in Schiebebühnen, Drehscheiben, Kranhaken usw. vorkommt. Allerdings wächst in solchen Lagern auch die gleitende Reibung.

III. Die Bewegungsverhältnisse im Kugellager.

1. Verhältnis der Umlaufzahlen von Kugeln, Laufringen und Käfig. Ist n die Umlaufzahl der Welle in 1 min, so ist bei Längslagern (Spurlagern) die Umlaufzahl des Käfigs $n_{Kfg} = n : 2$.

Bei Querlagern liegen die Verhältnisse etwas unübersichtlicher. Denkt man sich die Kugel um sich selbst drehend, und zwar um eine feststehende nicht um den Lagermittelpunkt kreisende Achse, dann rollt die Kugel auf den Laufbahnen des Innen- und Außenringes gleiche Wege ab, und die Drehzahlen der Ringe verhalten sich umgekehrt wie ihre Laufbahndurchmesser.

Ist nun (Fig. 6)

$n_A =$ die Drehzahl des Außenringes
$n_J =$ die Drehzahl des Innenringes
$d\ \ =$ der Kugeldurchmesser
$d_t =$ der Kugelmittenkreis (Teilkreisdurchmesser),

so ist
$$\frac{n_A}{n_J} = \frac{d_t - d}{d_t + d}.$$

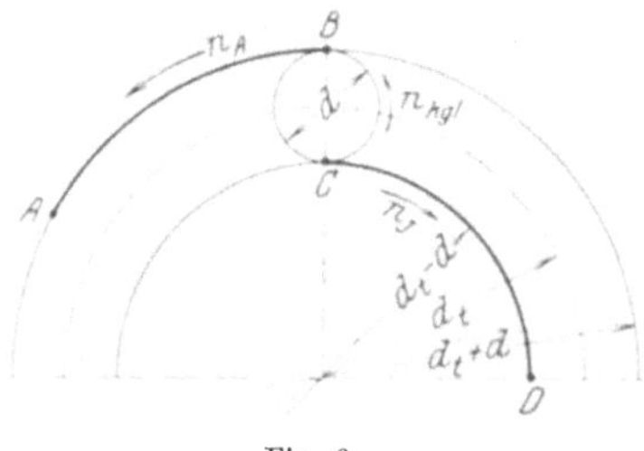

Fig. 6.

Die Winkelverschiebung der Ringe gegen die Kugel ist in diesem Falle, da die Kugel gleiche Wege auf dem Innen- und Außenring abrollt, für beide Ringe

---
[1]) S. auch Behr-Gohlke: Anschmiegungsfaktor und Maß der Anschmiegung, S. 5. Berlin: Julius Springer.

gleich. Dieser Zustand ändert sich, wenn einer der beiden Ringe (wie üblich) stillsteht. Die Kugel hat zwar dann in jedem Fall die gleiche Drehzahl um ihre eigene Achse, jedoch nicht die gleiche Drehzahl um die Achse des Lagers, denn da der Käfig mit den Kugeln gleiche Geschwindigkeiten um den Lagermittelpunkt hat, ergibt sich eine unterschiedliche Käfigdrehzahl, abhängig davon, welcher der beiden Laufringe umläuft und welcher stillsteht.

Bezeichnet man mit n_{Kgl} die Umlaufzahl der Kugel um ihre eigene Achse und mit n_{Kfg} wieder die Umlaufzahl des Käfigs um die Lagerachse, dann ist für den stillstehenden Außenring $n_{Kfg} = n_{Kgl} \cdot \dfrac{d}{d_t + d}$ und für den stillstehenden Innenring $n_{Kfg} = n_{Kgl} \cdot \dfrac{d}{d_t - d}$.

Die Drehzahl der Kugel errechnet sich, wenn n die Umlaufzahl des sich drehenden Ringes ist, aus der Gleichung:

$$n_{Kgl} = n \cdot \frac{d_t - d}{2\,d_t} \cdot \frac{d_t + d}{d} = n \cdot \frac{d_t^2 - d^2}{2\,d_t \cdot d}.$$

Beispiel: Ein Querlager der schweren Reihe mit 80 mm Bohrung des Innenringes (Z 80 DIN 614) laufe mit $n = 2000$ Uml/min und habe folgende Abmessungen:

Kugeldurchmesser $d = 1^3/_8''$ (≈ 35 mm),

Kugelmittenkreisdurchmesser $d_t \approx 140$ min (Teilkreis),

dann wird: $n_{Kgl} = 2000 \cdot \dfrac{140^2 - 35^2}{280 \cdot 35} \approx 3750$ Uml/min.

Die Käfigdrehzahlen sind dann bei umlaufenden Innenring:

$$n_{Kfg} = (3750 \cdot 35) : (140 + 35) \approx 750 \text{ Uml/min}$$

und bei umlaufenden Außenring: $n_{Kfg} = (3750 \cdot 35) : (140 - 35) = 1250$ Uml/min.

Die Käfigdrehzahl wird also im letzteren Falle fast 1,7 mal so groß, und es tritt auch eine entsprechend höhere Belastung für den Käfig auf. Günstig für die Lebensdauer eines Wälzlagers ist es also, wenn der Einbau so vorgenommen wird, daß der Außenring stillsteht.

2. Zentrifugalkräfte. Die Zentrifugalkräfte erzeugen eine zusätzliche Flächenpressung der Kugeln in ihren Laufbahnen und werden durch die Größe der Kugeln und ihre minutliche Umlaufzahl um die Lagerachse bestimmt.

Bezeichnet man mit G das Gewicht einer Kugel (für $1^3/_8'' \approx 0,180$ kg) und mit V die Umfangsgeschwindigkeit im Teilkreisdurchmesser, dann wird die Zentrifugalkraft $Z = \dfrac{G}{g} \cdot \dfrac{V^2}{d_t/2}$.

Die Rechnung zeigt, daß die zusätzlichen Belastungen durch die Zentrifugalkräfte selbst bei größeren Querlagern und bei höheren Umlaufzahlen klein sind und bei der Wahl der Wälzlager vernachlässigt werden können.

Wesentlich ungünstiger liegen die Verhältnisse beim Längslager, da die Kugeln unter dem Einfluß der Zentrifugalkraft nach außen wandern und hierbei leicht unzulässig hohe Beanspruchungen auf den Käfig ausüben. Dieser muß also zweckentsprechend ausgeführt werden.

Die unter der Wirkung der Zentrifugalkraft stehenden Kugeln üben außerdem eine gewisse Keilwirkung aus, die die beiden Scheiben auseinandertreibt.

Wenn infolge der Zentrifugalkraft Z (Fig. 7) die Kugeln den Teilkreis mit dem Durchmesser d_t um das Stück a verlassen, dann drücken sie mit der senkrechten Komponente K einer Kraft Q gegen die Scheiben. Da die Kraft K nur sehr wenig von Q abweicht und sich auch nur angenähert bestimmen läßt, kann man die Kraft K in die Rechnung einführen und es wird: $K = \dfrac{Z(R-r)}{2a}$, da

$K : Z = (R-r) : 2a$ ist. Wird den Längslagerscheiben durch zu festen Einbau
keine Möglichkeit gegeben, sich etwas voneinander
abzuheben, dann nimmt, da a sehr klein wird, Q und
damit auch K unzulässig hohe Werte an, die das
Lager zerstören.

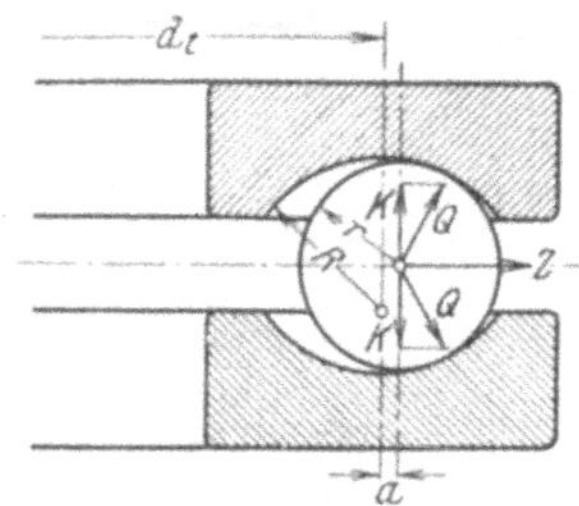

Fig. 7. Wirkung der Zentrifugalkraft.

Als Vergleichslager sei ein Längslager mit 75-mm-
Bohrung der engen Scheibe gewählt; es hat 10 Kugeln von ebenfalls $1^3/_8''$ Durchmesser. $R \approx 24$ mm,
$d_t \approx 118$ mm. a sei mit 1 mm angenommen.

Bei einer Drehzahl $n = 2000$ läuft der Käfig
mit 1000 Uml/min. Es wird $V^2 \approx 38$ (m/sk)^2 und

$$Z = \frac{0{,}18}{9{,}81} \cdot \frac{38}{0{,}059} \approx 12 \text{ kg}.$$

Die zusätzliche Flächenpressung wird auch hier gering, dagegen wird die

Kraft K (Fig. 7) $= 12 \cdot \dfrac{24-18}{2} = 36$ kg, d. h. alle 10 Kugeln treiben die beiden

Ringe mit 360 kg auseinander.

Da die Höchstbelastung dieses Lagers bei 2000 Umdrehungen nur 1000 kg
betragen darf, ist leicht einzusehen, daß der Wirtschaftlichkeitsgrad bei hohen
Umlaufzahlen niedrig ist.

Baut man das Lager so fest ein, daß a nur $\approx 0{,}2$ mm beträgt, dann wird K
für jede Kugel 360 kg und alle 10 Kugeln beanspruchen das Lager ohne die Be-
triebsbelastung weit über das zulässige Maß.

Wird andererseits die Zentrifugalkraft so groß, daß sie die Reibung zwischen
der Kugel und ihren Laufbahnen überwindet, dann rollt die Kugel nicht mehr,
sondern sie wird geschleudert.

Dies ist stets der Fall, wenn ein Lager (einerlei ob Quer- oder Längslager) nicht
genügend belastet ist. Es entstehen in diesem Fall schuppenförmige Schleudermarken
auf dem Grunde der Laufrillen; das Lager arbeitet geräuschvoll und läuft sich heiß.
Da die Kugeln und die Rillen ihre saubere, polierte Oberfläche verlieren, ist ein solches Lager in der Regel bald verdorben. Wenn jedoch die zu niedrige Belastung be-
kannt ist, kann man beim ersten Warmlaufen des Lagers durch zusätzliche Belastung
ein Zurückgehen der Temperatur erzielen, und das Lager läuft dann befriedigend.

IV. Berechnung der Kugellager.

1. Kugelzahl. Bezeichnet t (Fig. 8) die Mittenentfernung zweier Kugeln,
d_t den Durchmesser des Kugelmittenkreises (Teilkreis) und z die Kugelanzahl, dann ist die in ein Querlager einfüllbare Kugelzahl aus der Gleichung

$$\sin \frac{180^0}{z} = \frac{t}{d_t} \text{ errechenbar.}$$

Damit die Kugeln sich wegen ihres entgegengesetzten
Drehsinnes an den einander zugekehrten Flächen nicht zer-
kratzen, gibt man ihnen ein Spiel von $0{,}01 \div 0{,}005\, d$.

Der Wert t wird somit für käfiglose Lager $= 1{,}01 \div 1{,}005\, d$
und bei guten Käfigen $\approx 1{,}2\, d$.

1. Beispiel: Ein Lager soll 24 Kugeln bei einem Teilkreis
von 100 mm erhalten; welche Kugelgröße ist zu wählen? Aus

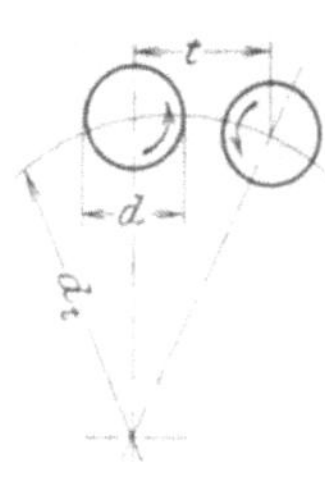

Fig. 8.

vorstehender Gleichung ergibt sich: $t = 100 \cdot \sin \dfrac{180^0}{24} = 13{,}053$ mm.

Die nächste passende Kugelgröße ist $^1/_2''$ und t wird $13,053 : 12,7 = 1,027\,d$; ein Spiel, das reichlich bemessen ist und leicht Schlagwirkungen der Kugeln untereinander herbeiführt, so daß zweckmäßig d_t verkleinert wird.

2. Beispiel: Das gleiche Lager soll mit einem Käfig ausgerüstet werden; der Kugelabstand t betrage $1,20\,d$. Wie groß wird d_t, wenn wieder 24 Kugeln $^1/_2''$ untergebracht werden sollen?

$$\sin\frac{180^0}{24} = \frac{1,20 \cdot d}{d_t}; \qquad d_t = \frac{15,240}{0,13053} = 116,754\ \text{mm}.$$

2. Kugelbelastung. In einem Längslager sind alle Kugeln gleichmäßig belastet, bezeichnet also z die Kugelanzahl und P die gesamte Lagerbelastung, dann entfällt auf jede Kugel eine Last $P_0 = P : z$.

Weniger übersichtlich liegen die Verhältnisse bei Querlagern. Wird die Beanspruchung beispielsweise nach Fig. 9 angenommen, dann sind die Kugeln in der unteren Lagerhälfte unbelastet, erst mit dem Eintritt in den oberen Ringraum (Kugel a) nehmen die Kugeln an der Druckübertragung teil, die ihren höchsten Wert im Scheitelpunkt (Kugel b) erreicht und dann wieder abfällt, so daß die Kugel in c gleiche Belastung wie in a erhält.

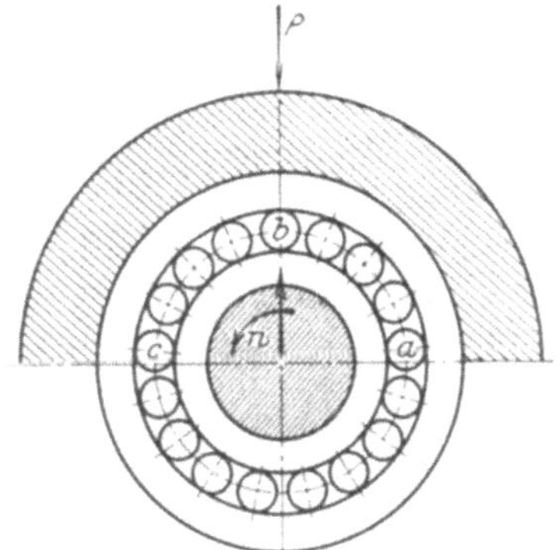

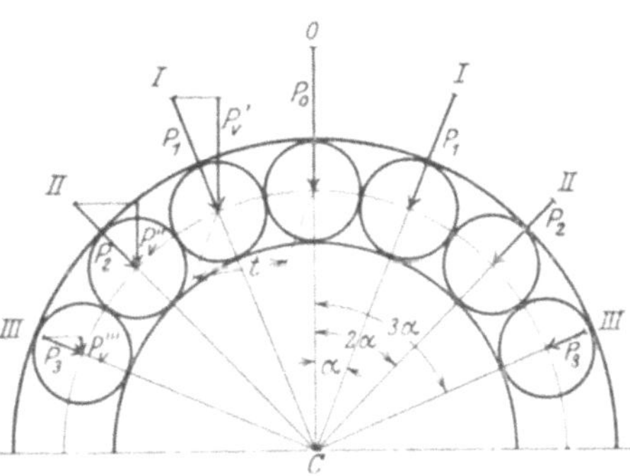

Fig. 9. Kugelbelastung im Querlager.   Fig. 10.

Die Druckverteilung geht aus der Darstellung Fig. 10 hervor; unter der Annahme, daß sich die radialen Drucke P_0, P_1, P_2, ... wie in einem Gleitlager verhalten, ergibt sich die Beziehung zwischen dem Gesamtdruck P des Lagers und dem größten Kugeldruck P_0 im Scheitelpunkt durch die Gleichung:

$$P = P_0 + 2P_v' + 2P_v'' \ldots = P_0 + 2P_0\cos^2\alpha + 2P_0\cos^2 2\alpha \ldots$$

Für eine Kugelzahl z zwischen 8 und 20 folgt daraus ein durchschnittlicher Wert von $P_0 = P \cdot 4,37/z$, wofür man allgemein $P_0 = P \cdot 5/z$ setzt, so daß z. B. für $z = 15$, $P_0 = P/3$ wird.

Da, wie S. 6 nachgewiesen, andererseits die zulässige Höchstbelastung $P_0 = k \cdot d^2$ ist, so folgt daraus die Gesamtbelastung des Lagers zu $P = 0,2 \cdot z \cdot k \cdot d^2$.

Den jeweiligen Betriebsverhältnissen wird durch die Einsetzung eines Erfahrungswertes für k Rechnung getragen. Bei der Normung der Kugellager haben alle Hersteller für gleichartige Lager dieselben Höchstbelastungen zugrunde gelegt und die Werte für k ermäßigt, also die Sicherheit gesteigert.

Die errechnete Belastungsfähigkeit bezieht sich ausschließlich auf die radial wirkende Last; da fast stets mit einem gleichzeitig auftretendem Längsdruck gerechnet werden muß, geht man deshalb tunlichst nicht an die Grenze der Belastungsfähigkeit. Der zulässige Längsdruck bei gegebenem Querdruck kann rechnerisch nicht bestimmt werden, aber es gibt verschiedene Erfahrungsformeln.

So geben die D. W. F. z. B. an, daß der zulässige axiale Druck $= ^1/_5 \cdot$ (listenmäßige Höchstbelastung — tatsächliche Belastung) werden darf. Die Kugelfabrik Fischer in Schweinfurt gestattet für ihre Querlager etwa 10 % der nicht ausgenutzten Radialbelastung. Beispiel: Ein Lager Z 60 DIN 612 vermag bei 100 Uml/min 890 kg aufzunehmen. Die wirkliche radiale Belastung sei 600 kg. Die nicht ausgenutzte Belastungsfähigkeit ist demnach 290 kg. Bei diesen Betriebsverhältnissen vermag das Lager also rund 30 kg Axialdruck zu übertragen.

In Fig. 11 a÷g sind die verschiedenen Möglichkeiten für die Gestaltung der Laufbahnen dargestellt und die Belastungsfähigkeit in Abhängigkeit vom An-

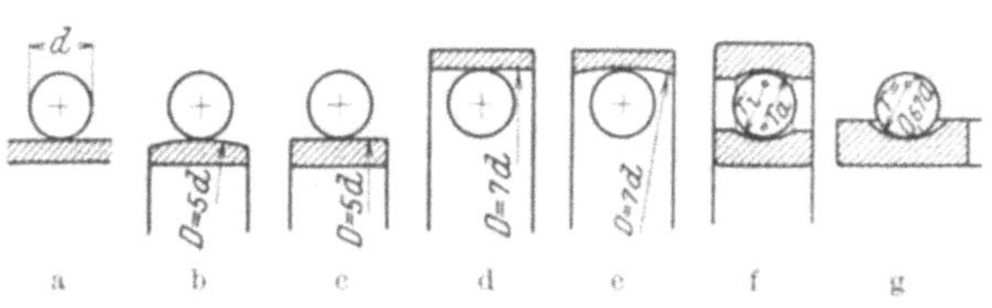

Fig. 11 a—g.   Gestalt der Laufbahnen.

schmiegungsfaktor σ^2, der einen Vergleichsmaßstab darstellt, gebracht; hierbei ist für den Fall a (Kugel gegen ebene Platte) $\sigma^2 = 1$ gesetzt. Die Ausführung nach c und d ist gebräuchlich für Lager, deren Wellen unter dem Einfluß großer Temperaturschwankungen Längenänderungen unterliegen, z. B. in Trocknungsanlagen. Diese Lager müssen also besonders kräftig gewählt werden, weil erstens die Form der Laufbahnen eine verhältnismäßig geringe Tragfähigkeit ergibt und weil ferner infolge der größeren Wärmeeinwirkung ein schnellerer Verschleiß des Lagers zu erwarten ist.

Laufbahnen von hohlkugeliger Form (Fall e) geben dem Lager nur wenig mehr Tragfähigkeit als solche mit glatter zylindrischer Form; aus diesem Grunde erhalten solche Lager 2 Kugelreihen. Dadurch wird allerdings der Mangel geringer Tragfähigkeit, zu dem noch andere kommen, nur unvollkommen aufgehoben: die Konstruktion wird deshalb auch von deutschen Firmen nicht ausgeführt.

Fall f stellt die Ausführung mit Laufrillen dar, wie sie ganz allgemein in Deutschland üblich ist. Um die spezifische Belastung für Innen- und Außenring möglichst gleich zu halten, wählt man nicht wie für Längslager $r = ^2/_3\,d$, sondern $r_i \angle r_a \angle ^2/_3\,d$.

Für Lager mit geringer Drehzahl, aber hoher Belastung, kann man die Anschmiegung und damit die Tragfähigkeit der Kugeln vergrößern, beispielsweise für Lager in Drehscheiben, Schiebebühnen, Kranhaken. Allerdings ist mit der größeren Anschmiegung eine größere Reibungsarbeit verbunden, da dann keine reine Abwälzung mehr stattfindet; jedoch fällt dieser Umstand nicht sehr ins Gewicht.

Werte von k für die Drehzahlen 10 u. 100 sind der Fig. 39 (S. 19) zu entnehmen.

V. Reibungsverhältnisse.

1. Bei Gleitlagern. Bei Gleitlagern ist der durch die Reibung auftretende Arbeitsverlust bestimmt durch die spezifische Pressung p der Tragfläche ($p = P/l \cdot d$

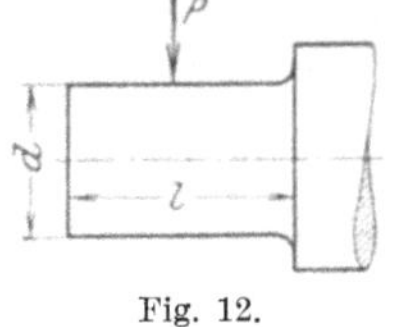

Fig. 12.

Fig. 12) ferner durch die Lagertemperatur, das Schmiermittel und die Gleitgeschwindigkeit des Zapfens auf der Lagerstelle.

Mit wachsender Pressung nimmt bei gleichbleibender Lagertemperatur die Reibungsziffer zunächst ab und weiterhin wieder zu. Ferner ist sie von der Drehzahl und dem Zapfendurchmesser, d. h. von der Geschwindigkeit am Zapfenumfang, abhängig; und zwar ist sie bei einer bestimmten mäßigen Geschwindigkeit am kleinsten. Dieser kleinste Wert tritt nun bei um so kleinerer Geschwindigkeit auf, je kleiner die Pressung ist. In Fig. 13 ist diese Abhängigkeit der Reibungsziffer von Geschwindigkeit und Pressung für eine Lagertemperatur von 25⁰ dargestellt. Wie ersichtlich, nimmt in allen Fällen beim Beginn der Drehung die Reibungsziffer zunächst ab und steigt dann wieder mit zunehmender Drehzahl, um zwar von um so größerer Drehzahl an, je höher die Pressung $P/l \cdot d$ ist.

Bemerkenswert ist, daß alle Kurven vom gleichen Punkt der Ordinate ausgehen, daß also die Reibungsziffer der Ruhe nicht von der Pressung und der Temperatur abhängig ist; sie beträgt 0,14 (Punkt A in Fig. 13).

2. Bei Wälzlagern. Wie schon die unterste Kurve in Fig. 13 zeigt, bleibt die Reibungsziffer für Wälzlager für alle Geschwindigkeiten nahezu gleich, selbst beim Übergang von der Ruhe in die Bewegung liegt die Ziffer für die Reibung nur unwesentlich höher, auch die Temperatureinflüsse sind unbedeutend.

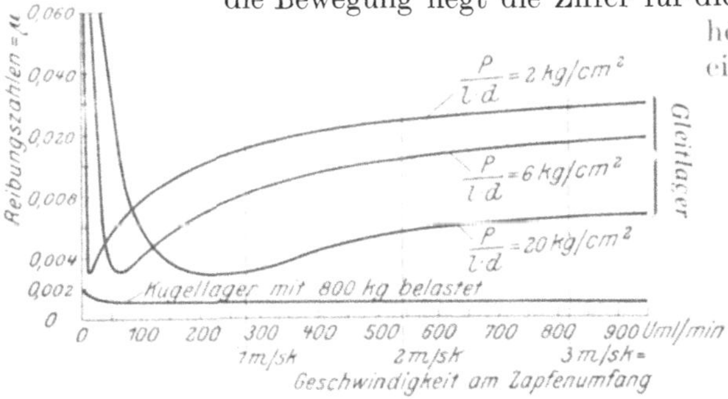

Fig. 13. Abhängigkeit der Reibung von der Drehzahl.

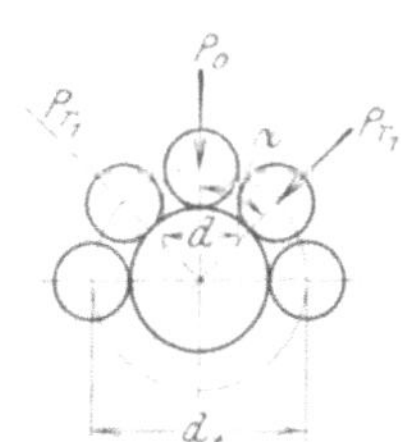

Fig. 14.

Wegen der geringen Reibung ist natürlich auch der Kraftverbrauch wesentlich geringer als bei Gleitlagern.

Bezeichnet man nach dem auf S. 9 Gesagtem mit P_0 (Fig. 14) die höchste Belastung einer Kugel, mit μ die Reibungsziffer für die rollende Reibung und mit ω die Winkelgeschwindigkeit, dann ist die Reibungsarbeit A_k einer Kugel

$$A_k = P_0 \cdot \mu \cdot \omega \cdot d_t/d$$

d. h.: A_k ist unter sonst gleichen Umständen um so geringer, je größer der Durchmesser der Kugel und je kleiner der Durchmesser des Kreises (der Rille) ist, auf dem die Kugel läuft.

Dies Ergebnis läßt sich auch noch etwas anders ausdrücken. Setzt man unter der Annahme, daß die Kugeln eng aneinander liegen, $\pi \cdot d_t \approx z \cdot d$ und führt den daraus sich für d_t/d ergebenden Wert in die obige Gleichung ein, so erhält man

$$A_k = P_0 \cdot \mu \cdot \omega \cdot z/\pi$$

d. h.: A_k ist um so geringer, je kleiner die Kugelanzahl ist.

Mit der Reibungsarbeit einer Kugel ist auch die Gesamtreibungsarbeit gegeben, da sie nichts anderes ist als die Summe der Reibungsarbeiten der einzelnen Kugeln. Um einen Vergleich mit Gleitlagern zu ermöglichen, legt man nach Stribeck bei Kugellagern nicht den Mittenkreis d_t, sondern den Wellendurchmesser zugrunde (Halbmesser r) und nennt die jetzt einzusetzende ideelle Reibungsziffer μ_i.

Das Reibungsmoment M_r, das für Gleitlager $= P \cdot r \cdot \mu$ ist, wird dann für Wälzlager $M_r = P \cdot r \cdot \mu_i$.

Da das Verhältnis d_t/r selbst bei Wälzlagern gleicher Bohrung nicht gleich bleibt (leichte, mittlere und schwere Ausführung), stimmen die Werte für μ_i

Rechnungsart für alle vorkommenden Fälle in der Praxis; nur für genaue Vergleiche ist die Reibungsziffer auf den Kugelkreis d_t zu beziehen[1]).

Bei einem Kugeldurchmesser $d = \frac{1}{8}''$ $(d^2 \approx 0,1\,\text{cm})$ erhielt **Stribeck** nebenstehende Werte von μ_i für Querlager:

Für Längslager liegen die Verhältnisse ähnlich, so daß die vorstehenden Werte auch für sie Anwendung finden können.

P in kg	Werte für μ_i bei $n =$		
	65	385	780 Uml./min
380	0,0033	0,0035	0,0037
850	0,0020	0,0021	0,0022
1100	0,0017	0,0018	0,0019
1580	0,0016	0,0016	0,00165
2050	0,0015	0,0015	0,0015
3000	0,0015	0,0013	0,0013
4900	0,0013	0,0012	0,0011

VI. Werkstoff und Bearbeitung der Wälzlager.

Der im Einsatz gehärtete Stahl wird bei dünnem Querschnitt durch und durch hart und etwas spröde. Bei stärkerem Querschnitt ist die gehärtete Schicht oftmals so dünn, daß sie unter dem Kugeldruck einbricht, und zwar kommt das dann leicht vor, wenn der Ring sich stark verzogen hat, so daß von einer Seite der größte Teil der gekohlten Schicht abgeschliffen werden muß.

Nur für besonders große Lager, z. B. Längslager als Spurlager für Krane, die sich nur gelegentlich mit geringer Umlaufzahl drehen, wird im Einsatz gehärteter Stahl verwendet. Mitbestimmend ist hierbei, daß der übliche Kugellagerstahl in abnormen Abmessungen von den Hüttenwerken nur mit langen Lieferfristen und mit großen Aufpreisen erhältlich ist[2]).

In der Regel wird Chromstahl verarbeitet, der folgende Zusammensetzung hat: $1\,\%$ C, $1,5\,\%$ Cr, $0,3\,\%$ Mn, $0,2\,\%$ Si, höchstens $0,02\,\%$ S und $0,03\,\%$ P.

roh geschliffen geschliffen roh
roh geschliffen geschliffen roh
geschliffen geschliffen
Außenring Innenring

Fig. 15. Fig. 16.
Bearbeitung der Laufringflächen.

Die Laufringe werden von nahtlos gezogenen Rohren abgestochen; bei den größeren Abmessungen sticht man vielfach den Innenring aus dem Außenring aus. Die Art der Bearbeitung nach dem Härten geht aus Fig. 15 und 16 hervor.

Die Kugeln werden von Stangen abgestochen, geschmiedet, gepreßt oder gedreht, vorgeschliffen, gehärtet, geschliffen und poliert.

Die Rollen werden nur von der Stange abgeschnitten, gehärtet, geschliffen und poliert. Aus ihrer Form und Herstellung folgt ihre höhere Belastungsfähigkeit; denn die Fasern bleiben unverändert und parallel und liegen immer senkrecht zum Belastungsdruck.

Es ist leicht einzusehen, daß nur der kleinste Teil aller Kugeln genau das Nennmaß erhält, da aber alle zur Füllung der Lager Verwendung finden, müssen die Laufrillen entsprechend weiter oder enger geschliffen werden.

Es ist also ausgeschlossen, daß ein Verbraucher eine schadhaft gewordene Kugel selbst auswechseln kann, denn eine etwas größere Kugel müßte die gesamte Belastung aufnehmen und würde sehr schnell zerstört werden und eine kleinere Kugel würde überhaupt nicht tragen.

---

[1]) S. auch **Behr-Gohlke**: Die Wälzlager, 2. Aufl., S. 38.
[2]) Die in England fabrizierten Timkenrollenlager sind nach einem besonderen Verfahren aus Einsatzstahl hergestellt.

VII. Arten der Wälzlager.

A. Querkugellager.

Die auf dem Übersichtsblatt Fig. 3 (S. 4) dargestellten Lager werden von allen Herstellern mit genau übereinstimmenden, genormten Abmessungen hergestellt, so daß sie gegenseitig austauschbar sind[1]); nur der innere Aufbau zeigt besonders in den Käfigausführungen Unterschiede, hingegen ist wieder die Kugelgröße und -anzahl nahezu gleich. Die nachfolgenden Ausführungen beschränken sich deshalb auf einige besonders wichtige Abarten des „normalen" einreihigen Kugellagers nach DIN 612, 613 und 614.

1. Zweireihige Querlager (DIN 622, 623, 624). Sie sind $30 \div 70\,\%$ breiter als einreihige Lager, stimmen aber in den übrigen Abmessungen mit ihnen überein.

Wenn beide Kugelreihen gleichmäßig an der Belastungsaufnahme teilnehmen sollen, dann müssen die zwei Laufrillen im Innen- und Außenring mathematisch genau übereinstimmende Abmessungen haben. Da dies schwer erreichbar ist, kann die Belastung nur ungefähr $50\,\%$ höher als für einreihige Lager gewählt werden. Die Anfertigung ist teuer, und man wählt zweckmäßig in allen Fällen, wenn hohe Kraftübertragung vorliegt, die zuverlässigeren Rollenlager.

2. Querlager mit Einstellring. Mit Ausnahme der Pendel- und Schulterlager sind alle genormten Querlager auch mit einem Einstellring erhältlich. Sie werden zweckmäßig in allen Fällen verwendet, in denen mit einer nachträglichen Lagenänderung der Unterlagen gerechnet werden muß, also bei Mauerwerk (Transmissionen), bei Lagerungen für landwirtschaftliche Maschinen, da diese durchweg Holzgestelle haben und auch beim Aufschrauben auf unbearbeitete Teile.

Keineswegs sollten aber Einstellager auf schlagende Wellen oder dgl. montiert werden; denn wegen der immerhin erheblichen Reibung an der balligen Abrollfläche treten Überlastungen der einen Kugelreihe ein, die bis zu $90\,\%$ der Gesamtlast betragen können.

3. Pendellager. Diese Lager werden von den „Svenska Kullagerfabriken" in Göteborg (Schweden) hergestellt. Die Form der Laufbahn im Außenring entspricht der Fig. 11e. Die zulässige spezifische Kugelpressung p darf höchstens $60\,\%$ des für deutsche Lager zulässigen Wertes (etwa 140) betragen, deshalb erhalten die Lager neben anderen Gründen stets 2 Kugelreihen; auf diese trifft aber wieder das bereits bei den zweireihigen Lagern Gesagte zu.

Ein einwandfreies Rollen der Kugeln würde nur eintreten, wenn sich die Tangenten a und a_1 mit der Achse x (Fig. 17) in einem Punkte schneiden. Da aber, um Verklemmung zu vermeiden, die Tangenten parallel verlaufen müssen, tritt neben der rollenden auch gleitende Reibung im Pendellager auf. Dagegen ist die Gefahr der Verklemmung bei Wellendurchbiegungen vermindert, deshalb eignet sich das Pendellager vorzugsweise für Übertragung kleiner Kräfte, bei denen mit einer Durchbiegung der Welle gerechnet werden muß (z. B. Auswuchtmaschinen).

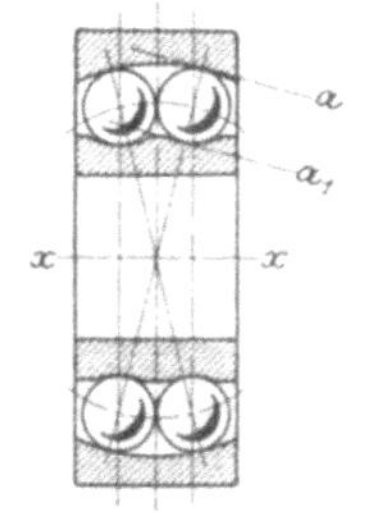
Fig. 17.
Schwedisches
Pendellager.

4. Spannhülsenlager (Fig. 18, DIN 632, 633 und 642). Die Spannhülsenlager sind einreihig und zweireihig (auch als Pendellager), ferner als Einstellager erhältlich. Die Spannhülsen gestatten eine Befestigung auf Wellen ohne Anwendung eines Stellringes oder einer Wellenschulter und eignen sich daher für Einbaufälle, denen die Einheitswelle zugrunde liegt (Triebwerkbau). Die längs-

---

[1]) Bezügl. der Grenzen der Austauschbarkeit vgl. den Abschnitt: Passungen.

geschlitzte Spannhülse hat eine zylindrische Bohrung und eine kegelige Mantelfläche, der Innenring erhält eine kegelige Bohrung gleicher Steigung (etwa 3°).

Wenn der Wellendurchmesser mehr als 0,1÷0,2 mm von der Spannhülsenbohrung abweicht, verlieren Bohrung und Kegel ihre Form, die zentrische Lage und der feste Sitz auf der Welle gehen verloren.

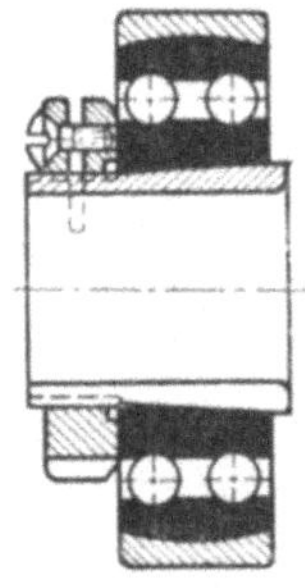

Fig. 18. Zweireihiges balliges Spannhülsenlager.

Die Spannhülsen sitzen nie so fest wie bei einer Anordnung mit Wellenschulter und Anzug durch Mutter nach Fig. 1 oder ähnlichen Einbauarten.

Die Spannhülsenmutter muß der Drehrichtung der Welle entgegengesetzt angezogen werden, außerdem muß die Mutter von Zeit zu Zeit, namentlich kurz nach dem Einbau, nachgezogen werden. Das hat vorsichtig zu geschehen, damit der Innenring sich nicht aufweitet und damit das Lager sich nicht verklemmt; in der Regel wird aber der Gewindeansatz abreißen, und man ist gezwungen, das Lager auszuwechseln. Handelt es sich um eine Transmission, dann bedingt das Auswechseln häufig ein Ausbauen der ganzen Wellenleitung (Entfernen sämtlicher Riemenscheiben usw.). Hieraus geht schon hervor, daß ein Spannhülsenlager keineswegs ein ideales Transmissionslager ist, denn Störungen der geschilderten Art sind bei einem Gleitlager weitaus leichter zu beseitigen[1]).

5. Hochschultrige Lager. Die normalen Lager haben, um eine möglichst hohe Kugelzahl einbringen zu können, Einfüllstellen an den Laufbahnen; der Schwerpunkt liegt also nicht in der Drehachse und bei besonders hohen Umlaufzahlen kann unter Einwirkung der Zentrifugalkraft eine ungünstige Beeinflussung (z. B. Durchbiegung dünner Wellen) auftreten.

Für solche Fälle brachte zuerst die D. W. F. ein Lager ohne Einfüllöffnungen auf den Markt, das gleichzeitig etwas tiefere Laufrillen und somit höhere Schultern erhielt und in der Folgezeit auch von anderen Firmen hergestellt wurde. Nachteilig wirkt die aus dem Verzicht auf die Einfüllnuten sich ergebende geringere Kugelzahl, denn es können je nach der Kugelgröße nur 0,5÷0,6 der ganzen Füllung eingebracht werden. (Fig. 19 zeigt die Art der Einfüllung.)

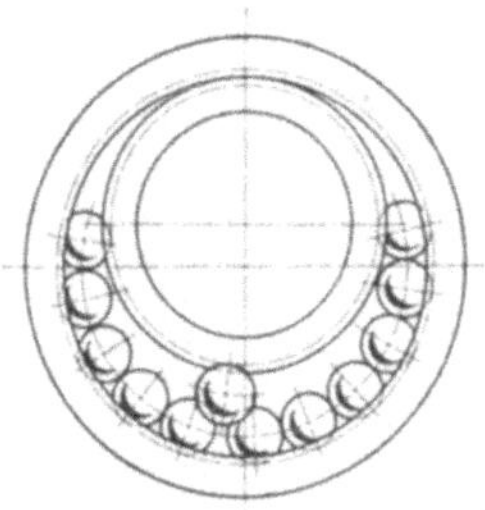

Fig. 19. Füllung eines hochschultrigen Lagers.

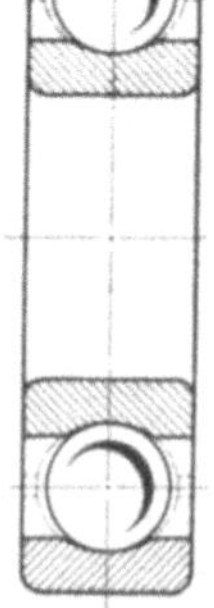

Fig. 20.

Die Tragfähigkeit ist also geringer als bei den Lagern normaler Bauart und beträgt etwa 20 % der Belastbarkeit normaler Lager. Die Belastbarkeit in der Achsenrichtung muß naturgemäß auch geringer sein, da weniger Kugeln an der Kräfteübertragung teilnehmen; daß die gegenteilige Ansicht, die die höheren Schultern als besonders geeignet für die Aufnahme von Querdrücken ansieht, irrig ist, zeigt folgende Überlegung:

In Fig. 20 ist ein Querlager mit normal hohen Schultern und (punktiert) mit erhöhten Schultern dargestellt. Es tritt nur eine Verstärkung der Ringquerschnitte ein, aber an der Fähigkeit, Längsdrücke aufzunehmen, hat sich nichts geändert, denn die Kugeln berühren die Schultern keinesfalls.

---

[1]) S. auch den Abschnitt: Einbaubeispiele; Transmissionen.

Die Längsbelastung P verteilt sich auf die z Kugeln gleichmäßig, so daß eine Kugel den Druck $p = P : z$ aufzunehmen hat.

Wegen der inneren Lagerluft haben die Kugeln etwas Spiel und können nach den Seiten ausweichen („Durchschlag"). Bezeichnet man den halben Durchschlag mit a (Fig. 21), dann errechnet sich der resultierende Druck p' je Kugel aus der Gleichung $p' = \dfrac{p \cdot (R - r)}{a}$, da

$p' = \dfrac{p}{\cos\alpha}$ und $\cos\alpha = \dfrac{a}{R - r}$ ist.

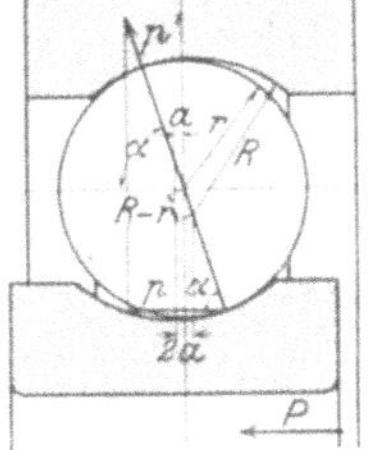

Fig. 21.

Die Gleichung lehrt, daß der Kugeldruck p' von der Differenz der Radien und vom Durchschlag abhängig ist. **Spielfreie Lager, die von manchen Verbrauchern für Sonderzwecke verlangt werden, vertragen also keine axiale Belastung, denn für $a = 0$ wird p' unendlich groß** (wenn man die Dehnbarkeit des Werkstoffes unberücksichtigt läßt).

Diese Erkenntnis führte die Berliner Kugellagerfabrik (A. Riebe) dazu, für Querlager, die gleichzeitig erhebliche Längsdrücke aufzunehmen haben, die Laufbahnen nicht als Kreisbogen, sondern als Kurven höherer Ordnung, z. B. Hyperbeln, auszubilden, denn die Aufnahmefähigkeit für axiale Drücke kann gesteigert werden, wenn die Kugel an einem größeren Winkel der Laufbahnen zur Anlage kommt.

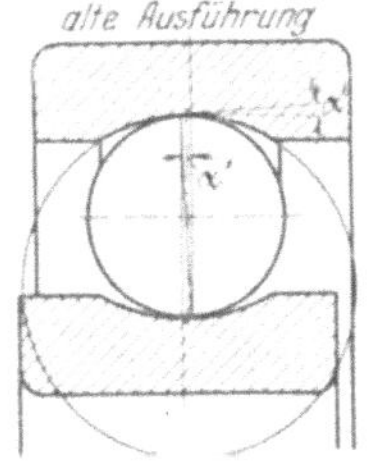
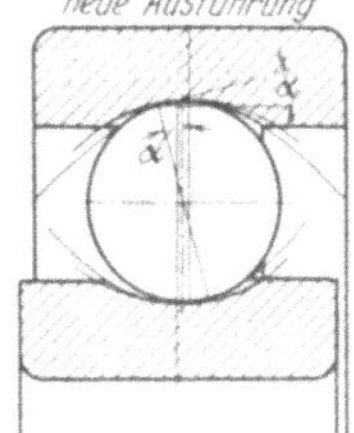

Fig. 22 und 23. Alte und neue Laufbahnformen.

In den Fig. 22 und 23 sind an einem Querlager die alte sowie die neue Laufbahnform dargestellt, und es ist ersichtlich, daß bei gleichem Durchschlag der Winkel α größer als α' wird. Ob bei kleineren Lagern diese Vorteile in Erscheinung treten, da hier schon der Laufkreisradius zahlenmäßig wenig vom Kugelhalbmesser abweicht, müssen die weiteren Versuche der Firma ergeben, der die neue Laufbahnform geschützt ist.

6. Schräglager (Fig. 24). Je eine sich gegenüberstehende Schulter ist verlängert, um in einer Richtung Längsdrücke aufnehmen zu können. Da sich nach dem unter „hochschultrige Lager" Gesagtem die Kugeln eng an die Schultern schmiegen müssen, sind die Reibungsverhältnisse nicht sehr günstig.

7. Kegellager (Fig. 25). Sie stellen die älteste Kugellagerkonstruktion dar und sind noch heute im Fahrradbau sehr verbreitet. Die Belastungsfähigkeit ist gering und die gleitende Reibung erheblich; dagegen haben sie den Vorzug der Billigkeit.

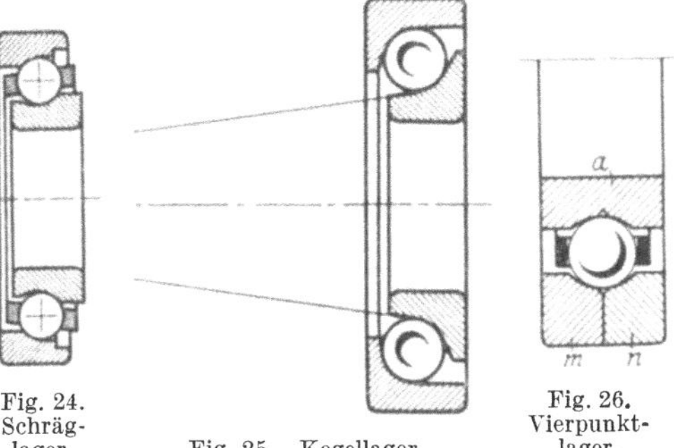

Fig. 24.
Schräglager.

Fig. 25. Kegellager.

Fig. 26.
Vierpunktlager.

„Kegel" und „Schale" werden häufig durch Gewinde befestigt. Da durch Verschrauben keine einwandfreie Zentrierung gehärteter Teile erreicht wird, kann zentrisches Laufen nicht verbürgt werden.

8. Vierpunktlager (Fig. 26). Die Kugeln liegen an 4 Punkten an; der Außenring ist geteilt. Die Abmessungen entsprechen angenähert einem Querlager

leichter Reihe mit Einstellring; es eignet sich für Übertragung kleiner Längsdrücke bei hohen Drehzahlen, da hier die normalen Längslager ungünstig
arbeiten[1]).

B. Längslager.

Die Normung der Längslager ist noch nicht beendet, doch stimmen schon
jetzt die auf dem Übersichtsblatt dargestellten Ausführungen aller Hersteller
in ihren Abmessungen mit geringen Ausnahmen überein. Die Abrollverhältnisse
sind ungünstiger als beim Querlager, die auftretende gleitende (bohrende) Reibung
wird um so größer, je mehr der Kugeldurchmesser zum Laufrillendurchmesser
wächst.

Je nach dem Verwendungszweck wählt man Längslager mit flachen oder
balligen Scheiben (s. Übersichtsblatt), für letztere wird vom Hersteller eine
passende Einstellscheibe mitgeliefert.

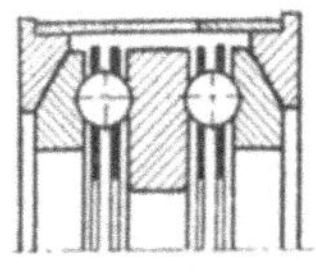

Fig. 27. Balliges
Wechsellager.

Die Längslager haben ungleiche Bohrung, die „enge" Scheibe
wird auf dem Wellenansatz befestigt und die „weite" Scheibe
mit ihrer Mantelfläche im Gehäuse. Bei balligen Lagern ist die
ballige Scheibe die weite, sie bildet mit ihrer Auflagefläche
eine Kugelzone; die sich ergebende schwierige Gehäusebear-
beitung fällt durch Verwendung der bereits erwähnten „Einstellscheibe" fort.

Ballige Längslager sind stets anzuwenden, wenn keine Sicherheit vorhanden ist, daß beide Druckscheiben genau parallel zu
einander liegen oder wenn die Achsen der Scheiben nicht in einer Linie liegen.

Fig. 27 zeigt ein balliges „Wechsellager" mit Einstellscheiben und Abstandrohr,
bei dem ein Verklemmen vermieden wird[2]).

Ein balliges Wechsellager mit nur einer Kugelreihe ist in Fig. 28 dargestellt[3]).
Die balligen Scheiben haben zwischen den Einstellringen E und den Seitenringen S
etwas Spiel, damit sie sich einstellen können oder an den stillstehenden Teilen frei vorbeigehen. Fig. 29
stellt ein Längslager mit Überringen der
D. K. F. dar; es besteht aus einem normalen Wechsellager, jedoch besitzt die
Mittelscheibe ebenfalls 2 Laufrillen zur
Führung kleinerer Kugeln, die 2 Über-
ringe tragen. Die Bohrung der Über-
ringe ist so genau geschliffen, daß bei
kleinen Umlaufzahlen die Kugeln frei
vorbei können. Wollen jedoch bei hohen
Drehzahlen die Kugeln unter Einwir-
kung der Zentrifugalkraft ihre Laufbahn verlassen, dann
werden sie von den Überringen geführt; die sonst auftretende
zusätzliche Kugelbelastung und Erwärmung wird vermieden.

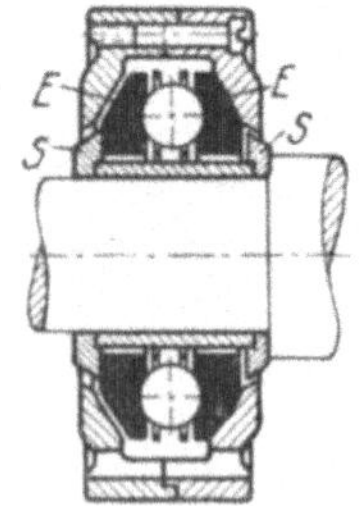

Fig. 28. Wechsellager
mit einer Kugelreihe.

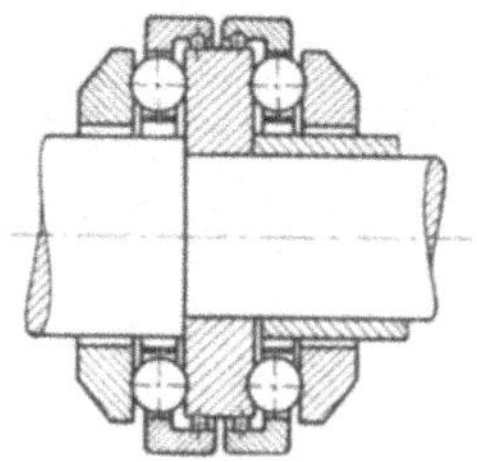

Fig. 29. Längslager
mit Überringen.

C. Zusammengesetzte Lager.

Um größere, gleichzeitig wirkende axiale und radiale
Kräfte aufzunehmen, baut man häufig ein Längslager und
ein Querlager zusammen ein. Soll die Vereinigung auch eine
gewisse Einstellmöglichkeit, z. B. bei Zentrifugen, zulassen,

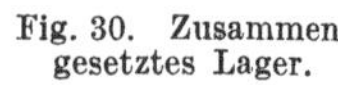

Fig. 30. Zusammen-
gesetztes Lager.

---

[1]) Einbaubeispiele, Fig. 152 u. 161.   [2]) Bauart Riebe-Werke A.-G.
[3]) Bauart „Rheinland".

dann wählt man ballige Längslager und Querlager mit Einstellringen. Fig. 30 zeigt, daß beide Lager einen gemeinsamen Schwingungspunkt m haben müssen.

D. Rollenlager.

1. Allgemeines. Wegen der in einem Kugellager herrschenden Punktberührung zwischen Wälzkörper und Laufbahn ist die Belastungsfähigkeit an gewisse mäßig hohe Grenzen gebunden. Praktisch findet zwar unter dem Einfluß der Last eine Abplattung an den Berührungsstellen statt, aber die so entstehende Fläche ist nur klein und bei zu starkem Druck einer Kugel wird ein bleibender Eindruck in der Laufbahn hinterlassen, der sehr häufig den Ausgangspunkt der Zerstörung bildet.

Wesentlich günstiger liegen die Belastungsverhältnisse bei einem Rollenlager. Da die Rolle ohne Veränderung der Walzfaser hergestellt wird, und außerdem im Gegensatz zur Kugel nie eine Belastung (abgesehen von den verhältnismäßig geringeren Längsdrücken) in Faserrichtung auftritt, ist ihre Belastung stets günstiger; hinzu kommt, daß sie bei richtiger Führung nur in einer Ebene abrollt.

Ein Querlager mit zylindrischen Rollen kann etwa die 1,75 fache Last eines Kugellagers von gleichen Außenabmessungen aufnehmen; außerdem verträgt ein Rollenlager ohne Schwierigkeit eine vorübergehende Überlastung von $50 \div 70 \%$ der katalogmäßigen Höchstbelastung.

Seiner Vorzüge wegen ist das Rollenlager von allen führenden Wälzlagerfirmen in das Fertigungsprogramm aufgenommen worden.

2. Ausführung der Rollenlager. Während bei einem Kugellager die Führung der Wälzkörper unnötig ist, müssen im Gegensatz hierzu die Rollen so geführt werden, daß die Drehachsen aller Rollen unter sich und mit der Lagerachse parallel laufen. Wird diese Forderung nicht erfüllt, dann stellen sich die Rollen schräg und „schränken". Da hierbei erhebliche Kräfte auftreten, eignet sich der Käfig, in dem die Rollen ein gewisses Spiel haben müssen, gewöhnlich nicht zur Verhinderung des Schränkens, sondern, wie auch beim Kugellager, nur zur Einhaltung des gegenseitigen Abstandes. Zweckmäßig bildet man die Bunde (Schultern) des einen Ringes zur Rollenführung aus, was bedingt, daß die Schultern und auch die Stirnseiten der Rollen sauber zu schleifen sind; ferner müssen alle Rollen gleich lang sein. Da es außerdem schwierig ist, genau zylindrische Rollen mit gleichem Durchmesser herzustellen, ist es verständlich, daß Rollenlager mit gleicher Präzision hergestellt werden müssen wie Kugellager und demgemäß auch den höheren Preis rechtfertigen.

Da eine Rolle um so genauer wird, je kürzer sie ist, und da ferner die sogenannten Rollenkörbe, wie sie für lange dünne Rollen gebräuchlich sind, die Rollen nicht am Schränken hindern, so ist leicht einzusehen, daß Konstruktionen mit solchen Rollen wenig Wert haben.

Das Schränken wird durch einseitige Querbelastung und durch axial wirkende Kräfte begünstigt, da die Rollen dann nur von e i n e r Schulter geführt und aus ihrer Mittellage gedreht werden.

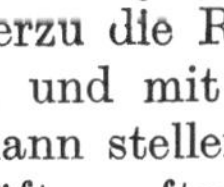

Fig. 31. 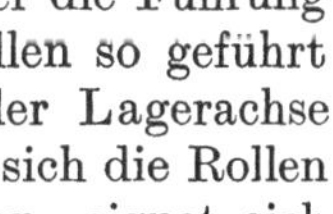   Fig. 32.

Wenn die Rolle so kurz ist, daß sie sich etwas schrägstellen und dadurch zwischen die Schultern zwängen kann, führt dies zu großen Reibungsverlusten und zur Erwärmung. In ungünstigen Fällen tritt eine Absprengung der Schultern ein.

Nimmt eine Rolle die in Fig. 31 angedeutete Schränkstellung ein, dann wird nach Fig. 32 die Laufbahn des Innenringes nur von der Rollenmitte berührt,

und die Rollenkanten liegen im Außenring an. Das Belastungsschema ist in
Fig. 33 dargestellt und zeigt, daß die Bruchgefahr für die Rolle groß ist;
besonders ist mit einem Ausbrechen der Rollenkanten zu rechnen.
Fig. 33 zeigt ferner, daß mit zunehmender Rollenlänge die Verhältnisse wegen der sich vergrößernden Hebellängen immer ungünstiger werden und daß die für untergeordnete Zwecke bisweilen
benutzten Rollenkörbe mit langen und dünnen Rollen dem Lager

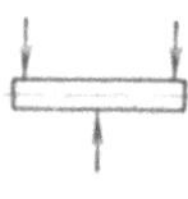

Fig. 33.

gefährlich werden können und ungehärtet bleiben müssen.

Die Anlagefläche der Rollen wird am größten, wenn die Schultern am Außenring angeordnet werden (Fig. 34, Fläche a). Aus konstruktiven Gründen, ferner

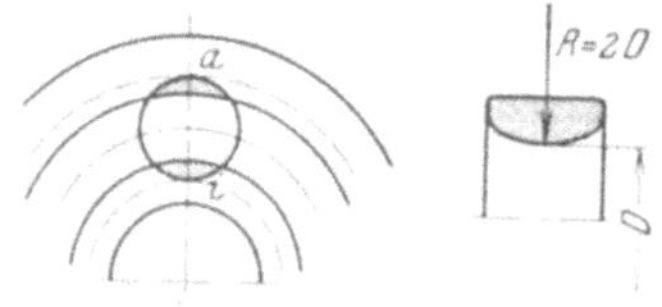

Fig. 34.   Fig. 35.

aber mit Rücksicht darauf, daß der Innenring in
den meisten Fällen der umlaufende ist und sich
erfahrungsmäßig am besten zur Führung eignet,
erhält dieser gewöhnlich die Schultern (Fig. 34,
Fläche i).

Um die Gefahr des Schränkens weiter zu ver-
mindern und gleichzeitig dem Lager eine gewisse
Einstellmöglichkeit zu geben, erhält der nicht mit Schultern ver-
sehene Laufring eine gewölbte Laufbahn. Zweckmäßig wählt man
(s. Fig. 35) $R = 2D$. Einige Firmen schleifen das mittlere Drittel
der Laufbahn zylindrisch und schrägen die Außenseiten etwas ab;
der gebildete Winkel beträgt dann etwa 2^0 (Fig. 36). In beiden

Fig. 36.

Fällen liegen die Rollen ungefähr mit dem mittleren Drittel auf; die tragende
Fläche wird unter dem Einfluß der Belastung und der damit verbundenen
elastischen Formänderung etwas vergrößert.

Um eine schabende Wirkung der Rollenkanten zu vermeiden, werden diese
abgerundet und häufig auch geschliffen; weniger zu empfehlen ist das zwar einfachere, aber ungünstig wirkende Abfasen der Kanten. Wird das Rollenlager unter
dem Einfluß einer Querbelastung zusätzlich axial belastet, dann muß die Rolle
unter Überwindung der hierbei auftretenden gleitenden Reibung verschoben

werden. Je höher die Querlast ist,
um so größer darf erfahrungsgemäß
auch die Längsbeanspruchung werden. Hier steht das Rollenlager
im strengen Gegensatz zum Kugellager. Versuche mit Rollenlagern im
Straßenbahnbetrieb haben die Rich-
tigkeit dieser Annahme bewiesen,
ohne jedoch die Belastungsverhältnisse der geschilderten Art vollkommen zu klären.

3. Belastung der Rollenlager. Die
zulässige Belastung errechnet sich nach
der Gleichung: $P = 0{,}2 \cdot z \cdot k \cdot l \cdot d$,
hierin ist: z die Rollenzahl, d der
Rollendurchmesser, l die Rollenlänge
und k die Wertziffer. Wird die Länge

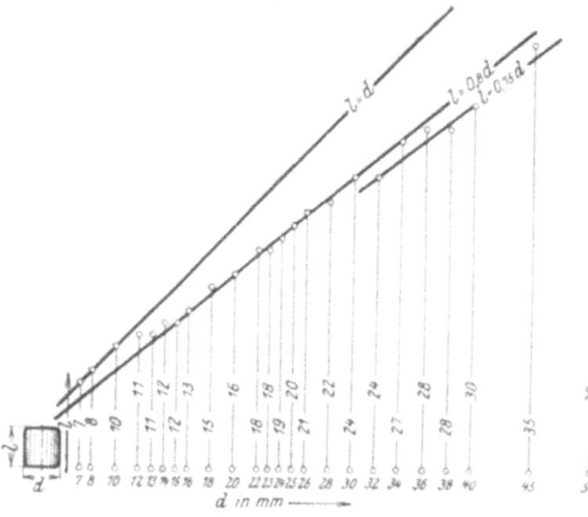

Fig. 37. Rollenabmessungen.

gleich dem Durchmesser ausgeführt, dann entsteht wieder die für Kugellager
auf S. 9 entwickelte Formel: $P = 0{,}2 \cdot z \cdot k \cdot d^2$.

Die günstigsten Werte für k erhält man bei dem Verhältnis $l = d$. Fig. 37
zeigt die Abmessungen der Rollen, die für Rollenlager verwendet werden.

Obwohl die Kugel- und Rollenlager in den Außenabmessungen (gleiche Serie vorausgesetzt) übereinstimmen, trifft für die Wälzkörper hinsichtlich des Durchmessers das gleiche nicht zu. Die günstigeren Berührungsverhältnisse zwischen Rolle und Laufbahn gestatten die Wahl etwas kleinerer Durchmesser der Rollen. Eine Gegenüberstellung der maßgebenden Werte für d^2 zeigt Fig. 38. Die Tabelle bezieht sich auf die mittelschweren Ausführungen.

Die Wertziffer $k = P_0 : d^2$ bleibt für Kugellager der gleichen Serie und unter der Voraussetzung gleicher Umlaufzahl annähernd gleich, d. h. die Sicherheit bleibt nahezu unverändert.

Die gleichen Verhältnisse treffen auch für Rollenlager zu, wenn die Rollenlänge

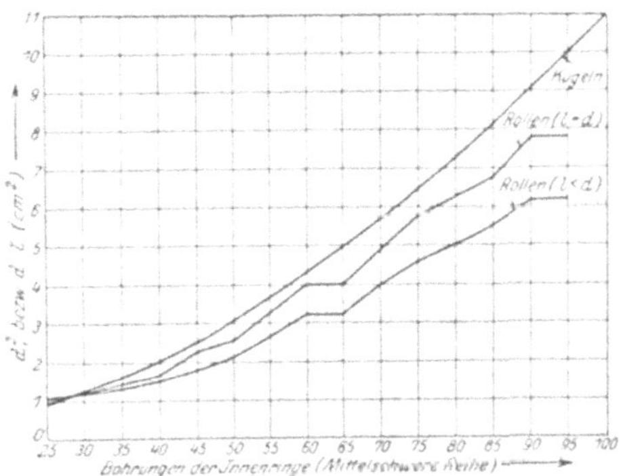

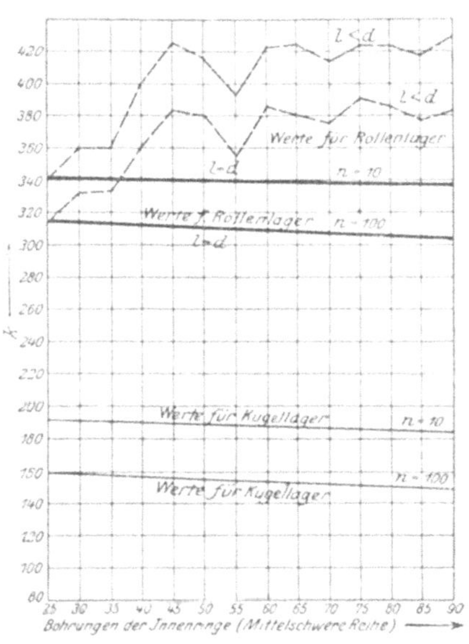

Fig. 38. Werte für d^2 der Wälzkörper.

Fig. 39. Wertziffer k für Wälzlager.

gleich dem Durchmesser ist. In Fig. 39 sind diese Verhältnisse graphisch dargestellt. Bei der üblichen Ausführung $l < d$ steigt natürlich der Wert für k, d. h. die Sicherheit wird vermindert. Die unregelmäßige Abstufung der Rollenlängen, wie sie Fig. 37 zeigt, spiegelt sich für die Abmessungen in dem unregelmäßigen Verlauf der k-Kurven der Fig. 39 wider.

4. Arten der Rollenlager. a) Lager mit zylindrischen Rollen. In den Fig. 40÷45 sind die verschiedenen Ausführungsformen dargestellt. Die ursprüngliche und noch heute am meisten gebräuchliche Konstruktion zeigt Fig. 40. Sie gehört zur Gruppe der „offenen" oder Einstellrollenlager. Die Führungsschultern für die Rollen erhält der Innenring, der eine zylindrische Laufbahn hat, während die Lauffläche des Außenringes etwas gewölbt ist und eine kleine Einstellbarkeit zuläßt, ohne die Rollenkanten zu überlasten und ein Ausbrechen herbeizuführen.

Eine Umkehrung zeigt Fig. 41. Die Einstellmöglichkeit ist noch etwas vergrößert; bei schlagenden Wellen pendelt der Innenring

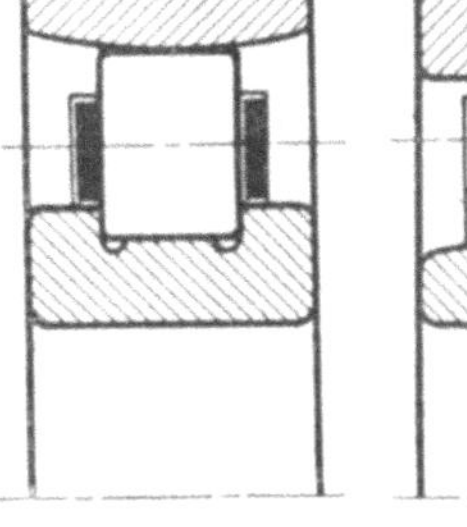

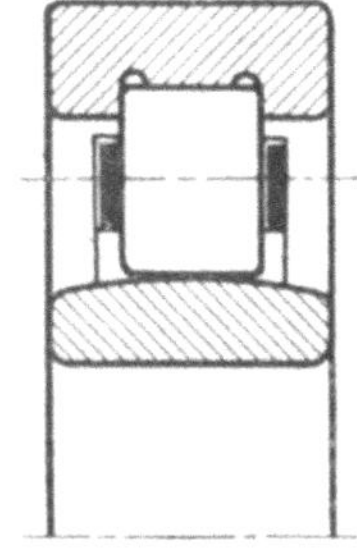

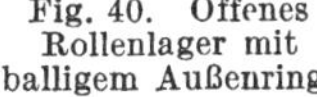

Fig. 40. Offenes Rollenlager mit balligem Außenring.

Fig. 41. Offenes Rollenlager mit balligem Innenring.

an den Rollen, ohne den Rollensatz nebst Käfig am Schlag mit teilnehmen zu lassen. Die innere Reibungsarbeit (Verschleiß) und auch die Geräusche werden vermindert.

Beide Ausführungen können beim Einbau nicht in axialer Richtung verklemmt werden, eignen sich also gut für Einbauten, bei denen eine sichere Einhaltung der Maße fraglich ist; auch kann man durch entsprechende Konstruktion ein axiales Spiel der Welle erreichen (Wellen für elektrische Maschinen), jedoch ist eine Übertragung von Längsdrücken durch das Lager selbst nicht möglich.

Bei den vorbeschriebenen Rollenlagern hat man somit nicht die Möglichkeit, die gelagerte Welle in ihrer axialen Richtung festzulegen. Dies bedeutet in vielen Fällen einen Mangel gegenüber den Gleitlagern und geschlossenen Kugellagern.

Bringt man jedoch an dem äußeren Laufring des Lagers Fig. 40 noch eine Schulter an, dann entsteht das halbgeschlossene Lager Fig. 42 und in seiner Umkehrung ein Rollenlager Fig. 43. Beide Arten erhalten im Innen- und Außenring zylindrische Laufbahnen. Die Verwendung der einen oder anderen

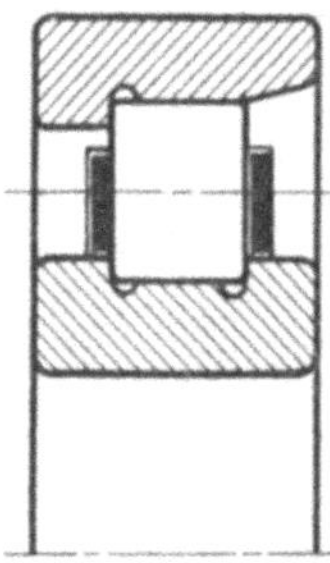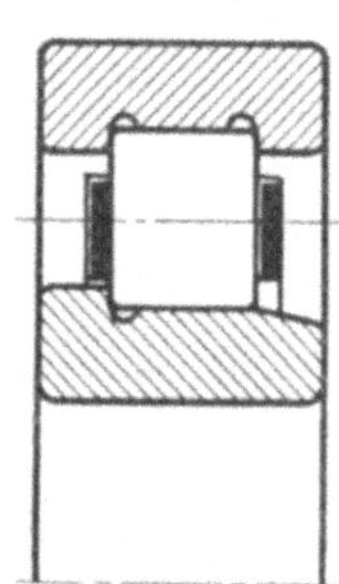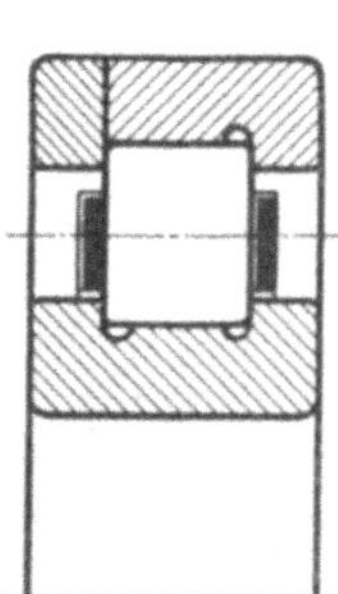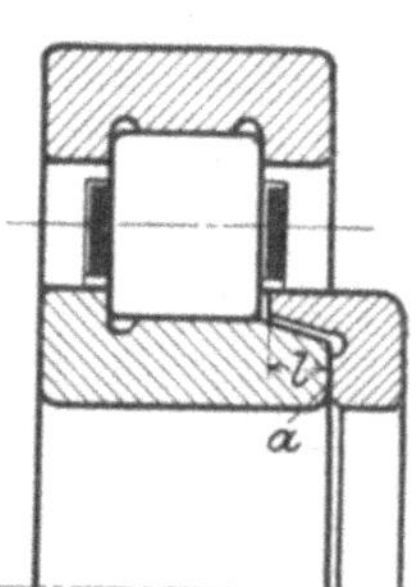

Fig. 42. Halbgeschlossenes Rollenlager (Rollenführung am Innenring).

Fig. 43. Halbgeschlossenes Rollenlager (Rollenführung am Außenring).

Fig. 44. Geschlossenes Rollenlager mit Bordscheibe.

Fig. 45. Geschlossenes Rollenlager mit Spurkranz.

Bauart hängt von der jeweiligen Eigenart der betreffenden Maschine ab. Baut man die halbgeschlossenen Lager so ein, daß die einseitigen Schultern entweder nach innen oder außen zeigen, dann ist eine Fixierung in der Achsenlängsrichtung erzielt und außerdem noch die Möglichkeit vorhanden, ein etwa gewünschtes Spiel in regelbaren Grenzen zu erhalten.

Die Fig. 44 und 45 zeigen sog. geschlossene Rollenlager, die durch Hinzufügen einer „Bordscheibe" am verkürzten Außenring (Fig. 44) oder eines „Spurkranzes" am Innenring des Lagers nach Fig. 43 entstehen (Fig. 45). In letzterem Fall erhält man ein Lager mit etwas größerer Baulänge. Der Spurkranz liegt bei a an, durch Veränderung der Länge l kann man dem Lager ein inneres Spiel geben.

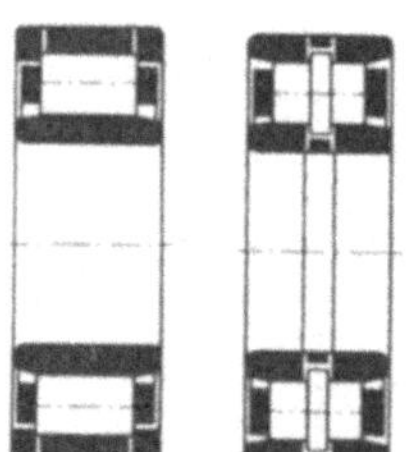

Fig. 46. Fig. 47. Jäger-Rollenlager.

b) Jäger-Rollenlager[1]) (Fig. 46 und 47). Sie haben je 2 Anlaufringe; die 2 Hauptarten sind Lager mit glatten Rollen und Lager mit „Bundrollen", beide Ausführungen werden in den Abmessungen der einreihigen und zweireihigen Kugellager hergestellt.

Bei den Ausführungen mit glatten zylindrischen Rollen (Fig. 46) werden diese durch seitliche Anlaufringe geführt; im übrigen gleicht der Aufbau des Lagers den vorbeschriebenen Arten.

Das Wesentliche des Bundrollenlagers (Fig. 47) ist die Ausführung der Rollen, die in ihrer Mitte einen zylindrischen Bund haben, dessen Abmessungen mit der Lagergröße wachsen. Die Bunde laufen zwischen je zwei äußeren und inneren

---

[1]) Einbaubeispiele für Jägerlager, Fig. 168.

Laufringen, die durch Zwischenringe auf den für den Bund erforderlichen Abstand gebracht sind. Die Schenkel der Bundrollen nehmen in der üblichen Weise die Querdrücke und die Bunde die Längsdrücke auf.

c) Rollenlager mit kegelförmigen Rollen für Querbelastung. Rollenlager mit zylindrischen Rollen sind, genau wie auch alle Kugellager, nicht nachstellbar. Wird also die innere Lagerluft im Laufe der Zeit zu groß, so muß das betreffende Lager ausgewechselt werden. Ein Versuch, „nachstellbare" Wälzlager herzustellen, gelingt nur bei Rollenlagern mit kegelförmigen Wälzkörpern; aber dem Vorzug der Nachstellbarkeit stehen leider schwerwiegende Mängel gegenüber.

Der Hauptnachteil ist, daß diese Lager vom Bezieher beim Einbau eingestellt werden müssen, genau wie dies bei den Kegellagern für Fahrräder der Fall ist, während die normalen Kugel- und Rollenlager einbaufertig vom Erzeuger geliefert werden. Man ist also darauf angewiesen, daß der betreffende Monteur die Lager richtig einstellt. Selbst wenn dies in sachgemäßer Weise geschieht, ist immer noch die große Gefahr vorhanden, daß der Abnehmer der Maschine nachträglich die Lager verklemmt. Meist neigen die Leute dazu, die Teile so stark anzuziehen, wie sie es bei Schrauben gewohnt sind. Daß die Lager dann überlastet sind, merkt man wegen der niedrigen Reibungsziffer kaum; sie sind erst schwer drehbar, wenn sie schon verdorben sind.

An sich ist das Nachstellen eines abgenutzten Rollenlagers mit kegeligen Rollen ein Unding, denn wie Fig. 48 zeigt, liegt der ausgelaufene und nachgestellte Ring hohl, sitzt auch nicht mehr gut im Gehäuse und neigt zum Bruch. Ferner sind die Rollen ungleichmäßig abgenutzt und tragen an der neugebildeten Lauffläche mangelhaft, weshalb auch hier die Bruchgefahr vorliegt. Die geringe Auflagefläche, die nach dem Nachstellen zur Verfügung bleibt, ist bald wieder abgenutzt, und ein weiteres Nachstellen ist erforderlich. Ferner müssen Paßstücke für die Anschlußteile hergestellt werden, damit die Unterschiede in den Maßen ausgeglichen werden. (Bei dem Timken-Lager, das ebenfalls kegelige Rollen hat, bestehen alle Teile aus Einsatzstahl, der nachgiebiger als hochgekohlter Chromstahl ist und weniger zum Bruch neigt.)

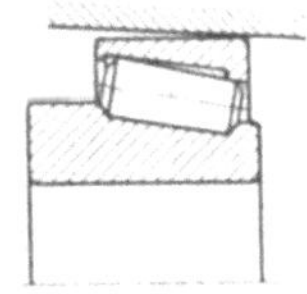

Fig. 48.

Außerdem versucht jede Rolle, sich etwas zu schränken und zu klemmen, wodurch die Reibung größer wird als bei anderen Rollen- oder Kugellagern. Von manchen Herstellern wird versucht, dies Schränken dadurch zu vermeiden, daß die Rolle an ihrer Stirnfläche kugelig ausgebildet und an einer entsprechend gestalteten Schulter des Innenringes geführt wird; erreicht ist natürlich wenig, da die Rollenführung einseitig ist und die Bewegungsverhältnisse im Innern des Lagers unsicher bleiben.

Schöpfer des Rollenlagers mit kegeligen Rollen ist: The Timken Roller Bearing Co., Canton, Ohio (für Deutschland: Deutsche Timken G. m. b. H., Berlin W 50).

In seinem Heimatlande wie auch in Frankreich und England hat es überragende Bedeutung besonders in der Automobilindustrie erlangt, seiner Einführung in Deutschland sind durch die Einfuhrbeschränkung Grenzen gezogen. Bei der älteren Ausführung (Fig. 49) sind die Schultern des Innenringes als Führungsrippen ausgebildet; die Rollen haben Köpfe, mit denen sie auf den Rippen laufen, wodurch sie geführt werden.

Für geringere Beanspruchung wählt man Lager mit kürzeren Rollen, die dann nur einen Führungskopf erhalten (Fig. 50).

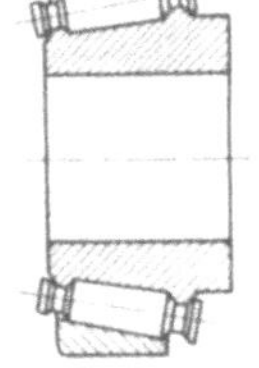

Fig. 49.
Timkenlager.
ältere Bauart.

Da die Rollen und auch der Käfig seitlich vorstehen und stören, ist neuerdings eine bemerkenswert geänderte Ausführung erhältlich (Fig. 51). Die Abmessungen entsprechen jetzt den deutschen Kugellagernormen; der ebenfalls geänderte Käfig kann eine größere Anzahl Rollen aufnehmen, wodurch höhere Belastungen gewährleistet sind.

Fig. 50. Timkenlager mit einem Rollenkopf.

Fig. 51. Timkenlager mit glatten kegeligen Rollen.

Die Timkenlager sind zerlegbar, jedoch wird der Innenring mit dem Rollensatz durch den Käfig zusammengehalten. Von den Außenringen passen mehrere mit unterschiedlichem Durchmesser der Mantelfläche zu dem gleichen Innenring. Sowohl Innen- wie auch Außenringe sind numeriert, aus Tabellen kann man die zusammenpassenden Teile entnehmen; man hat also vielfache Kombinationsmöglichkeiten und kann für alle Verwendungszwecke passende Abmessungen zusammenstellen[1]).

Das Krupp-Rollenlager besitzt ebenfalls kegelige Rollen, die an ihrem dickeren Ende Köpfe haben und im Gegensatz zu den Timkenlagern mit den Stirnseiten der Köpfe an einen seitlichen Bund des Innenringes anlaufen. Die Köpfe berühren den inneren Laufring in der Verlängerung seiner Kegelfläche, so daß auch hier keine Gleitbewegung auftritt (Fig. 52). Als Werkstoff wird Kruppscher Chromnickelstahl verwendet, der bei größter Härte eine hohe Zähigkeit und Biegefestigkeit aufweist. Eine gewisse Einstellungsmöglichkeit ist durch die schwach gewölbte Laufbahn des äußeren Laufringes gegeben.

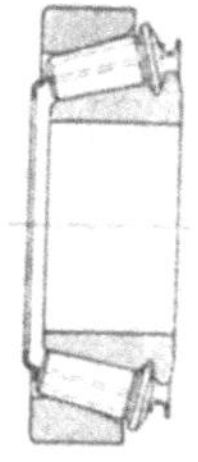

Fig. 52. Krupp-Rollenlager.

Die Krupprollenlager werden vorzugsweise für Maschinen in der Zerkleinerungsindustrie verwendet[2]), daneben aber auch für Lastkraftfahrzeuge, für die ein Sonderlager entwickelt ist, das nach Angabe der Firma neben dem Radialdruck auch einen Axialdruck bis zu 30 % des ersteren aufnehmen kann[3]).

Die ruhende Belastungsfähigkeit beträgt 3000 kg; vorübergehend darf die Belastung sich bis auf 5000 kg erhöhen, der seitliche Druck kann bis zu 1000 kg betragen.

Die Firma Krupp hat neben ihren bereits beschriebenen Rollenlagern für Querbelastung auch ein Rollenlager für Längsbeanspruchung geschaffen (Fig. 53), das für Maschinen mit senkrecht wirkender Last, z. B. stehenden Wasserturbinen, Schirmgeneratoren usw. bestimmt ist.

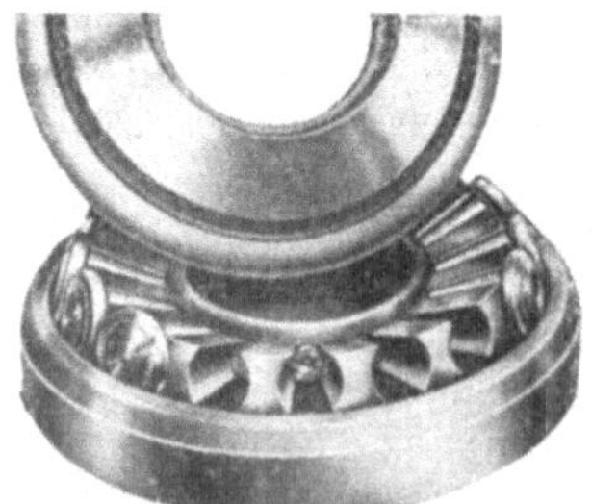

Fig. 53. Kegelrollenlager für Längsbelastung (Krupp).

d) Rollenlager für Längsbelastung. Übersteigt die Belastung die für Längskugellager gezogenen Grenzen, dann kann die Wahl von Rollen als Wälzkörper ins Auge gefaßt werden.

Bei zylindrischen Rollen findet unter Voraussetzung paralleler Laufflächen kein reines Abrollen statt. Ungefähr in der Rollenmitte befindet sich der ideelle Laufkreis, in allen anderen Punkten gleiten die Rollen. Die zylindrischen Rollen sind bestrebt, sich aus ihrer radialen Lage heraus zu drehen und geradeaus zu rollen. Da stets

---

[1]) Einbaubeispiel für Timkenlager s. Fig. 170.   [2]) Einbaubeispiel Fig. 179.
[3]) Einbaubeispiel Fig. 181.

ein gewisses Spiel zwischen Rollenkäfig und Rolle vorhanden ist, wird die zylindrische Rolle sich auf einer Spirale von der Lagerachse entfernen; deshalb müssen die Rollen zwangläufig in ihrem Radialabstande durch umlaufende zentrische Ringe oder dgl. geführt werden[1]). Zur Verringerung des Gleitens macht man die Walzen ballig oder unterteilt sie in ihrer Länge. Fig. 54 zeigt schematisch die Anordnung unterteilter zylindrischer Rollen.

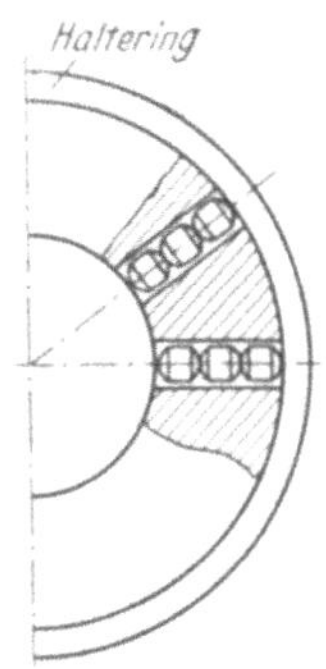

Fig. 54. Unterteilte zylindrische Rollen für Längsbelastung.

Kegelförmige Rollen tragen auf ihrer ganzen Länge, wenn man den Laufflächen geneigte Form gibt und durch einen Ring die Rollen am Verlassen ihrer radialen Lage hindert (Fig. 55). Bezeichnet man mit z die Rollenzahl und mit P die Lagerbelastung, dann erfährt jede Rolle die Belastung $P_0 = P : z$. Wegen ihrer Kegelform wird jede Rolle mit einer Kraft $P_0 \cdot \mathrm{tg}\, 2\varphi$ (Fig. 55) nach außen gedrückt, und sobald eine geringe Verschiebung auftritt, nimmt die Rolle nicht mehr an der Lastübertragung teil. Deshalb muß die Führung in axialer Richtung sehr genau sein.

Damit die Reibung an den Stirnseiten der Rollen möglichst gering ist, muß der Winkel φ klein sein; er schwankt zwischen 4 und 7^0.

Die Abweichungen von der geometrischen Form, mit denen stets zu rechnen ist, wirken bei den kegeligen Rollen besonders ungünstig, da sie den Führungsring mit den Kräften $P_0 \cdot \mathrm{tg}\, 2\varphi$ einseitig belasten. Man lagert deshalb zweckmäßig den Führungsring in einem Gehäuse, damit er sich nicht verbiegen kann (Fig. 55).

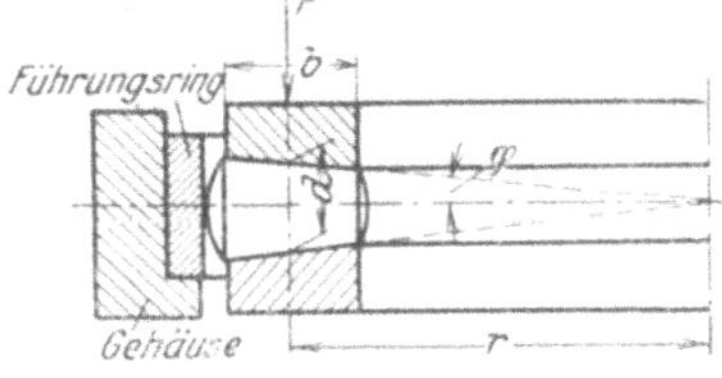

Fig. 55. Kegelförmige Rollen für Längsbelastung.

Die Rollenzahl bestimmt sich durch die Gleichung $z = 360 : 2\varphi$. Da die Führung der Rollen kräftig sein muß und der Käfig daher verhältnismäßig viel Raum beansprucht, rechnet man bei einem Winkel $\varphi = 7^0$ mit $20 \div 24$ Rollen und bei $\varphi = 5^0$ mit $30 \div 36$ Rollen.

Bezeichnet noch b die Rollenbreite (Länge) in cm, d den mittleren Rollendurchmesser in cm, der gleich dem Durchmesser einer sonst üblichen zylindrischen Rolle gewählt wird, dann wird

$$P = z \cdot l \cdot d \cdot k;$$

hierin kann k mit $200 \div 300$ kg/cm^2 angenommen werden.

Eine gewisse Bedeutung haben die Kegelrollen für Längslager in Drehscheiben und ähnlichen Anordnungen gefunden, da hier die normalen Kugellager zu geringe Tragfähigkeit besitzen, bzw. zu große Abmessungen erhalten müßten. Für Drehzahlen, die wesentlich höher sind als bei den erwähnten Anlagen üblich ist, ist die Verwendung von Kegelrollen stets mißlich.

e) Lager mit gewölbten Rollen. α) Pendelrollenlager. Das Pendelrollenlager (Fig. 56) wird von den „Svenska Kullagerfabriken" in Göteborg (Schweden) und deren Nebenfabriken in Frankreich, England usw. hergestellt und in Deutschland durch die „S. K. F.-Norma G. m. b. H." vertrieben. Es ähnelt dem von der gleichen Firma erzeugten Pendelkugellager, ist aber wesentlich komplizierter.

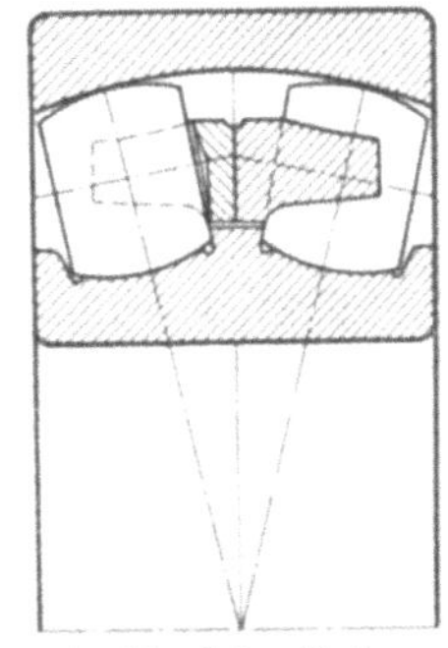

Fig. 56. Schwedisches Pendelrollenlager.

[1]) S. auch Dr.-Ing. Heumann: Handbuch der Ingenieurwissenschaften, V. Teil.

Der Außenring hat eine hohlkugelige Laufbahn, und der Innenring ist ebenfalls mit zwei gewölbten Laufbahnen zur Aufnahme von 2 Rollenreihen versehen, von denen jede in einem besonderen Käfig geführt wird. Die Rollen haben die gleiche Wölbungsform wie die Laufbahnen des Innenringes, tragen also auf ihrer ganzen Länge, dagegen ist der Wölbungsradius für die Außenringlaufbahn etwas größer.

Der Wölbungsmittelpunkt der Rollen liegt seitlich vom Rollenmittel, woraus sich die kegelige Form der Rollen ergibt, die mit ihrem spitzeren Ende nach außen liegen. Unter der Belastung entstehen Kräfte, die die Rollen an den gemeinsamen Mittelflansch drücken. Hierdurch soll eine Führung der Rollen und Vermeidung des Schränkens erzielt werden. Obwohl die zulässigen Belastungen sehr hoch angegeben werden, wird eine allgemeine Einführung an dem Preise scheitern, der wesentlich über dem für deutsche Rollenlager liegt.

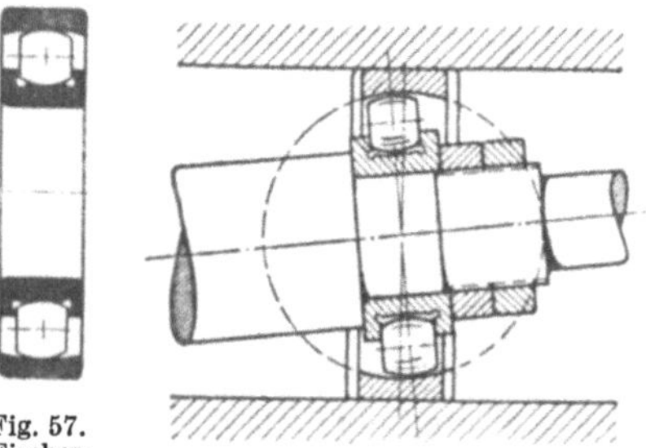

Fig. 57.
Fischer-
Tonnen-
lager.

Fig. 58. Einstellfähigkeit
des Fischer-Tonnenlagers.

β) Tonnenlager. Die Konstruktion des Tonnenlagers (Fig. 57) ist der Kugelfabrik Fischer patentiert. Die Rollen sind gewölbt und sehen wie eine Tonne aus. Die Laufbahnen der Ringe haben einen etwas größeren Radius als die Rollen, so daß diese gut abrollen. Durch Schultern am Innenring werden die Rollen zwangläufig geführt; die Wölbung des Außenringes verstärkt den Querschnitt.

Von allen Rollenlagern mit den Abmessungen normaler einreihiger Kugellager besitzen die Tonnenlager die größte Belastungsfähigkeit; da sie außerdem um den Lagermittelpunkt pendeln können (Fig. 58), werden selbst bei starken und stoßweise auftretenden Belastungen etwaige Wellendurchbiegungen ausgeglichen, ohne Verklemmungen herbeizuführen. Aus diesem Grunde werden die Tonnenlager vorzugsweise in die Lenkerstangen für Gatter eingebaut[1]). Da die Tonnenlager die Abmessungen der normalen, einreihigen Querkugellager haben, können sie in allen Fällen, wo diese nicht ausreichen, an ihre Stelle eingebaut werden.

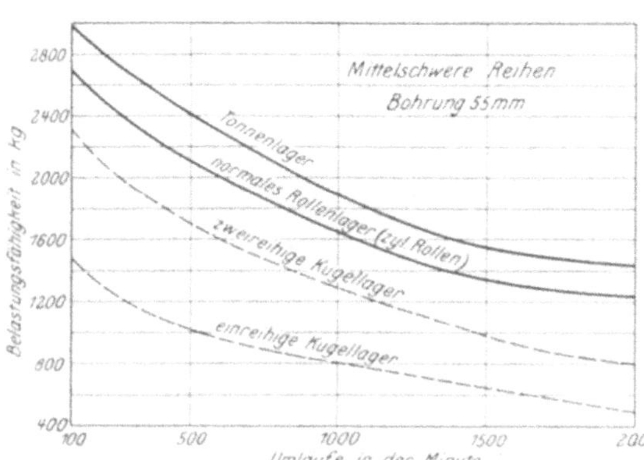

Fig. 59. Vergleich der Belastungsfähigkeit
deutscher Wälzlager.

Die graphische Darstellung Fig. 59 zeigt die Belastbarkeit der deutschen Rollenlagerbauarten im Verhältnis zu den Kugellagerbelastungen (Katalogwerte). Die neuerdings auf dem Markt befindlichen vollkommen geschlossenen Rollenlager ohne Einfüllöffnung haben sehr niedrige Schultern (unsichere Führung) und weniger Rollen. Die radiale und axiale Belastbarkeit ist der Rollenverringerung entsprechend niedriger.

---

[1]) Einbaubeispiel s. Fig. 150.

f) **Hyattrollenlager.** Das Hyattrollenlager wird in Amerika in billige Kraftwagen eingebaut, wo grobe Einbaufehler bei der Massenmontage unvermeidlich sind und Forderungen an hohe Güte nicht gestellt werden können.

Alle Teile bleiben ungehärtet, die Laufringe bestehen aus glatten zylindrischen Rohrstücken und die Rollen aus spiralig gewundenem Stahlband, dessen Abmessungen nach der Belastung bemessen werden. Da die Rollen lang sind und durch den Käfig unvollkommen geführt werden, ist die gleitende Reibung groß, die federnden Rollen neigen jedoch nicht zum Bruch. Der Käfig besteht aus 3 Blechringen s (Fig. 60), die durch Entfernungsbolzen b verbunden werden. Die Zapfen z dienen zur Rollenführung und werden aus dem Blechring herausgepreßt.

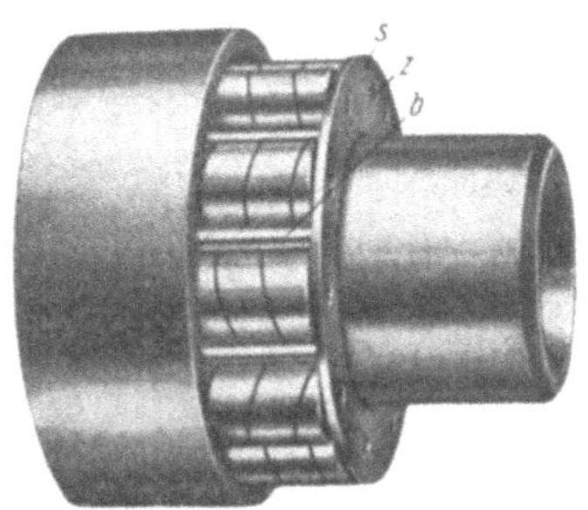

Fig. 60. Hyattlager.

VIII. Käfige für Wälzlager.

A. Allgemeines.

In einem ganz gefüllten Lager liegt Kugel an Kugel. Fig. 61 zeigt, daß sich dabei die berührenden Flächen in entgegengesetzter Richtung bewegen. Wegen der geringen Anschmiegung treten große spezifische Pressungen auf, die das Beschädigen der hochpolierten Flächen begünstigen.

Da die Kugeln einer dauernd wechselnden Belastung ausgesetzt sind, erfahren sie eine verschieden große elastische Verformung und nehmen die angenäherte Form eines Ellipsoides an. Die hierdurch bedingten Durchmesserunterschiede haben eine unterschiedliche Drehzahl zur Folge.

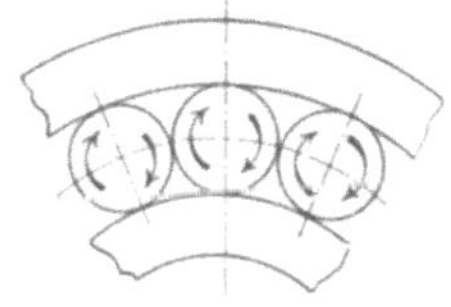

Fig. 61. Bewegungsverhältnisse der Kugeln.

Beim Eintritt in den unteren Ringraum und der damit verbundenen Entlastung erhalten die Kugeln außerdem eine Beschleunigung, die sich durch Aufprallen auf die Käfigwand äußert. Beim Wiedereintritt in die belastete Zone prallen sie nochmals auf die entgegengesetzte Käfigwand. (Durch die Verzögerung und Zurückführung auf die normale Drehzahl.) Mit gesteigerter Drehzahl und wachsendem Kugeldurchmesser werden die Kräfte ebenfalls vergrößert.

Zu den geschilderten Beanspruchungen kommen noch die Reibungskräfte, die von den Kugeln an den Käfigwänden erzeugt werden.

Aus Vorstehendem geht schon hervor, daß der Käfig keinesfalls eine untergeordnete Bedeutung hat, seine Konstruktion ist im Gegenteil häufig maßgebend für die Brauchbarkeit des ganzen Lagers. Die überaus zahlreichen Patente auf Käfigkonstruktionen zeugen von der Wichtigkeit, die die Hersteller ihnen beimessen. Da jedoch viele Käfige mehr oder weniger gute Umgehungen der geschützten Bauarten darstellen, ist es wichtig, die Grundbedingungen für eine gute Kugelführung zu kennen.

Da die Kugeln an ihren Drehpolen die kleinste Geschwindigkeit haben, ist es zweckmäßig, die Wälzkörper in der Nähe dieser Punkte zu fassen, da dann Reibungsarbeit und Verschleiß am geringsten sind. Fig. 62 zeigt die Form eines solchen Käfigs.

Im Gegensatz hierzu tritt die größte Reibung und die größte Abnutzung nebst erhöhtem Kraftverbrauch bei Käfigen nach Fig. 63 auf; denn die Kugeln rollen frei zwischen den Seitenblechen und werden durch die Stege geführt, die natürlich kräftiger sein müssen und das Käfiggewicht vergrößern.

Eine dritte Möglichkeit stellt Fig. 64 vor, bei der die Kugeln frei rollen, und die Seitenbleche wie auch die Stege die Kugeln nicht unmittelbar berühren. Hierdurch wird zwar zunächst die Reibungsarbeit vermindert, infolge der Beschleunigungskräfte werden jedoch die Kugeln gegen die Stege geschleudert und diese, namentlich bei hohen Drehzahlen, erheblich beansprucht. Da der Käfig von den Kugeln getragen wird, erhält er eine ungleichförmige Bewegung und die Folge ist ein besonders lauter Lauf des mit solchen Käfigen ausgerüsteten Lagers.

Besonders gefährlich werden die Kräfte, wenn das Lager in Maschinen mit wechselnder Drehrichtung oder mit ungleicher Drehzahl eingebaut wird, ferner bei hin- und hergehenden Maschinenteilen (Lenkerstangen an Gatter). Alle Holzbearbeitungsmaschinen haben z. B. eine schwankende Umlaufzahl, da beim Zuführen des Arbeitsstückes ein Abbremsen stattfindet. In solchen Fällen sollten also stets Lager mit Käfigen nach Fig. 62 Verwendung finden.

Da die Tragfähigkeit eines Wälzlagers von der tragenden Wälzkörperzahl abhängig ist, muß der Käfig das Einbringen einer möglichst großen Kugelzahl zulassen. Ein Vergleich der Fig. 62÷72 zeigt, daß diese Forderung am besten erfüllt wird, wenn die Stege möglichst wenig Raum wie bei Fig. 68 einnehmen.

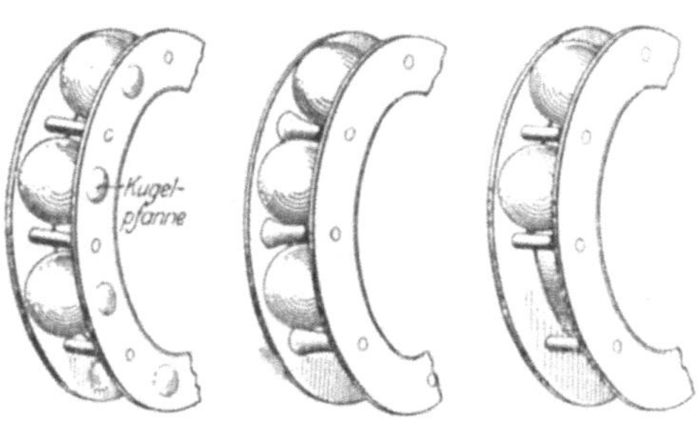

Fig. 62. Günstige Fig. 63. Ungünstige Fig. 64. Fehlerhafte Kugelführung durch Kugelführung Kugelführung. die Seitenbleche. durch die Stege.

B. Ausgeführte Konstruktionen.

1. Querlagerkäfige. Eine der besten Lösungen zeigt Fig. 65, die Seitenbleche erhalten Kugelpfannen und die Kugeln sind federnd gehalten. Der Käfig eignet sich besonders gut für hohe Umlaufzahlen, da er nahezu geräuschlos läuft, er wurde von der Norma-Co. geschaffen und findet vorzugsweise für Schulterlager Anwendung.

Fig. 66 zeigt den Höpflinger-Käfig; er stellt die erste brauchbare Form zur Kugelführung dar und wird von allen Kugellagerfirmen angewendet (namentlich für hochschultrige Lager). Die sich den Kugeln anschmiegenden Seitenbleche werden durch Nietung oder Punktschweißung (Ausführung „Rheinland") zusammengehalten.

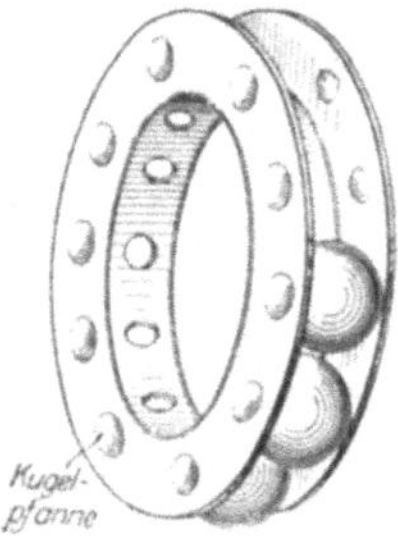

Fig. 65. Stegloser Käfig.

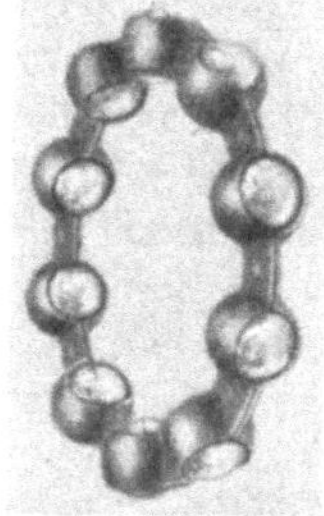
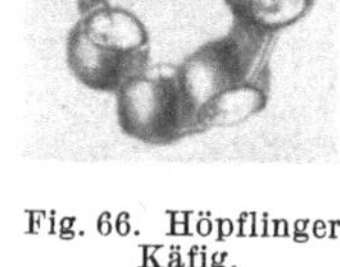

Fig. 66. Höpflinger-Käfig.

Eine ebenfalls sehr gute Lösung zeigt der Riebe-Käfig Fig. 67, die Seitenbleche erhalten Kugelpfannen, und die Durchbrüche gestatten guten Schmiermitteldurchtritt. Die Stege sind nach Fig. 68 angeordnet und wirken nicht platzhindernd, so daß das Lager eine hohe Kugelzahl aufnehmen kann.

Den Fischer-Zellenkäfig zeigt Fig. 69: die gewellten Seitenbleche führen die Kugeln an ihren Polen, außerdem

Fig. 67. Riebe-Käfig.

sind noch kräftige Stege vorgesehen, die dem Käfig große Starrheit verleihen.
— Fig. 70 zeigt den Wellenkorb von Fichtel und Sachs; er hat den Vorteil
keinerlei Nietung, da er aus einem Stück gepreßt wird, auch federt er wegen seiner
Form gut durch, erreicht jedoch nicht die Starrheit der vorbeschriebenen Käfige.
Dagegen erlaubt er, besonders viele Kugeln einzubringen,
jedoch nur in gerader An-
zahl, wodurch er Ände-
rungen in der Kugelzahl
und im Kugeldurchmesser
erschwert; auch fällt durch
die Form der Kugeltaschen
die Führung an den Dreh-
polen fort.

Die schwedischen Pen-
dellager haben einen Käfig
nach Fig. 71, der eben-
falls aus einem Stück be-
steht, aber zur Führung

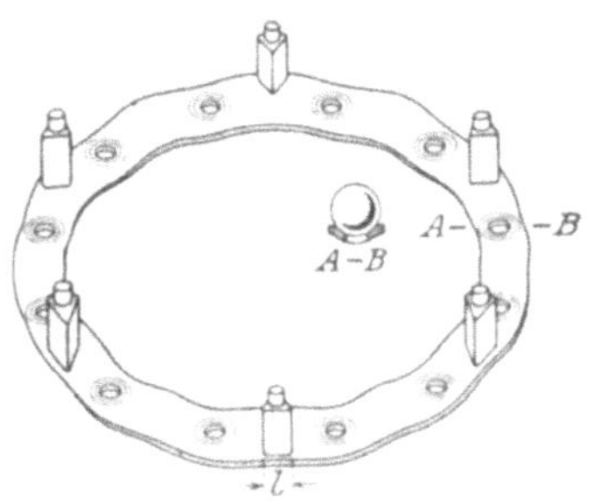

Fig. 68. Günstige Anordnung
der Stege.

Fig. 69. Zellenkäfig (Fischer).

von 2 Kugelreihen dient und deshalb besonders kräftig sein sollte. Er wird
aus Blech von 0,5÷1 mm gestanzt, und die entstehenden Zacken werden um-
gebogen, so daß sie die Zellen für die Kugeln bilden.

Das Herstellungsverfahren bedingt ein Spiel von
etwa 1 mm, so daß die bei Fig. 64
geschilderten Verhältnisse eintreten. Bei hohen Umlaufzahlen
reiben die Kugeln die dünne Wand
bei b durch, besonders wenn dünn-
flüssiges Öl verwendet wird. Da
die Zacken viel Platz beanspruchen,
kann nur eine stark verringerte
Kugelzahl eingefüllt werden; im
Vergleich mit einem deutschen
zweireihigen Lager beträgt der Aus-
fall zwischen 20 und 24 %. Der
Querschnitt des Käfigs ist in Fig. 72
gezeigt; die Zacken klaffen bei a
auseinander und bilden einen Spalt.

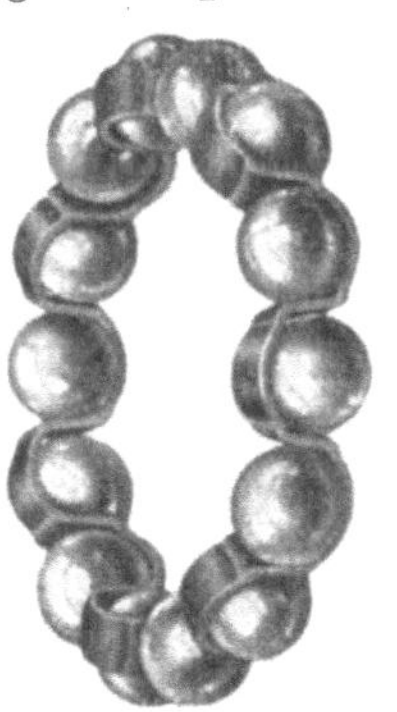

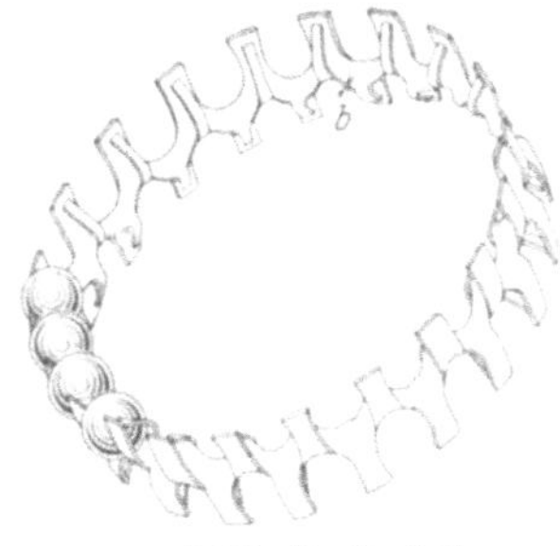

Fig. 71. Käfig für Pendellager.

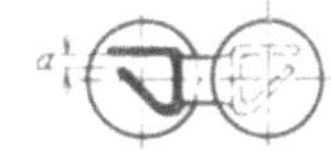

Fig. 70. Wellenkorb
(Fichtel & Sachs).

Fig. 72.

Die Kugeln treiben infolge der Schlagwirkung die Zacken weiter auseinander,
hierbei schleift in der Regel zuerst die obere Zacke an den Außenring an, zerkratzt
diesen und wird von den nachfolgenden Kugeln überwalzt und in vielen Fällen
führt dies zu einer Sprengung des Lagers. Die wegen ihrer Einstellbarkeit vielfach verwendeten Lager sollten daher möglichst
nicht dann eingebaut werden, wenn ein Auswechseln
schwierig ist, also z. B. nicht in Transmissionen.

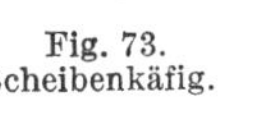

2. Längslagerkäfige. Wegen der gleichmäßigeren
Belastung und der gleichbleibenden Drehzahl aller Kugeln ist das Aufprallen auf die Käfigwände unbedeu-
tend, auch die wechselnde Annäherung ist gering; dagegen ist der Einfluß der Zentrifugalkraft bedeutend und muß die Konstruktion der Längslagerkäfige beherrschen.

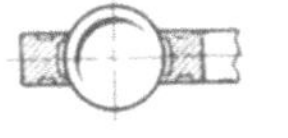

Fig. 73.
Scheibenkäfig.

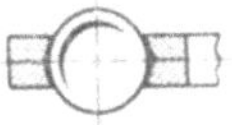

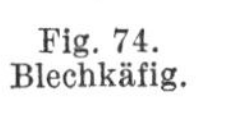

Fig. 74.
Blechkäfig.

Die Käfige werden einteilig als Scheibenkäfige nach Fig. 73 oder zweiteilig als Blechkäfige nach Fig. 74 hergestellt. Der Scheibenkäfig besteht aus

einem Stück; die Kugeln werden durch Verstemmen gehalten. Beim zweiteiligen Käfig werden die Bleche durch Nieten oder Schweißen verbunden.

Einen solchen Käfig zeigt Fig. 75 („Rheinland"). Die Bleche liegen aufeinander und sind durch elektrische Schweißung verbunden. Die eingepreßten Kugeltaschen nehmen die Kugeln auf (Fig. 76). Im D.-W.-F.-Käfig (Fig. 77) sind die Seitenbleche durch Entfernungstifte getrennt, die den Kugeln ein freies Abrollen gestatten; die ovale Lochform sichert bei hohen Drehzahlen eine Bewegung der Kugeln in radialer Richtung.

Ein ähnlicher Käfig wird von Riebe hergestellt (Fig. 78). Die länglichen Löcher stehen unter

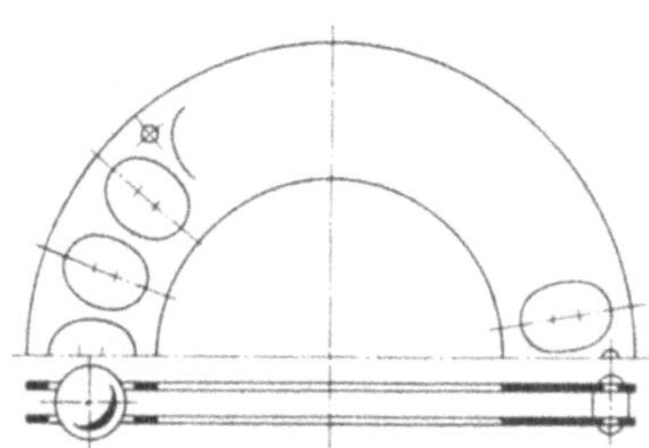

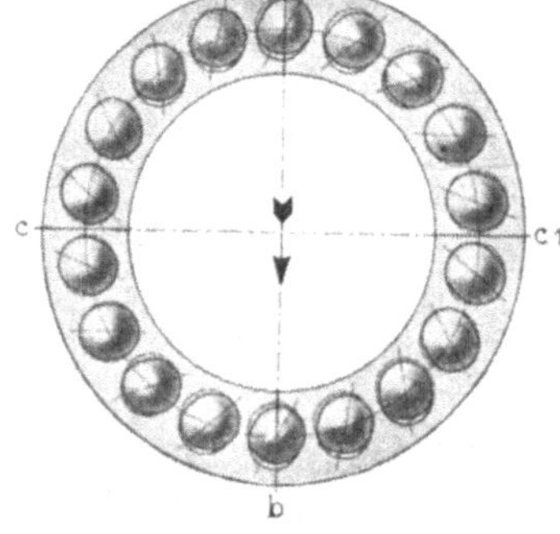

Fig. 75.

Fig. 76.　　　　　　　Fig. 77.　Blechkäfig der D. W. F.　　　　　　　Fig. 78.　Riebe-Käfig.

einem Winkel zum Radius so, daß die Kugeln nicht an der Stelle ihrer größten Umfangsgeschwindigkeit den Käfig berühren; außerdem können die Kugeln auch dann noch frei rollen, wenn die Achsen der Druckscheiben nicht genau zusammenfallen. Wenn sich die Achsen in der Pfeilrichtung verschieben, wandert der Käfig mit, die Kugeln liegen bei a am äußeren und bei b am inneren Bogen an und die Kugeln bei c und c_1 verbleiben in ihrer Mittellage. Kreisrunde Löcher ohne Kugelspiel hindern also das freie Abrollen und üben erhebliche Kräfte auf die Käfigwand aus. Da der Käfig von den Kugeln getragen wird, darf er nicht schwer sein, muß aber wegen der hohen Beanspruchung aus bestem Werkstoff bestehen.

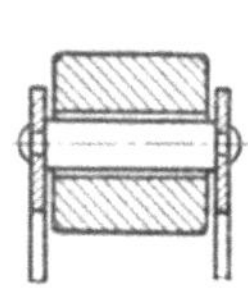

Fig. 79.
Bolzenkäfig für
Rollenlager.

Aluminiumlegierungen sind den Beanspruchungen nicht gewachsen, auch Weißmetall oder Spritzguß ist bei den heutigen hohen Umlaufzahlen ungeeignet, dagegen findet Flußeisen und Messing vielfach und mit Vorteil Verwendung.

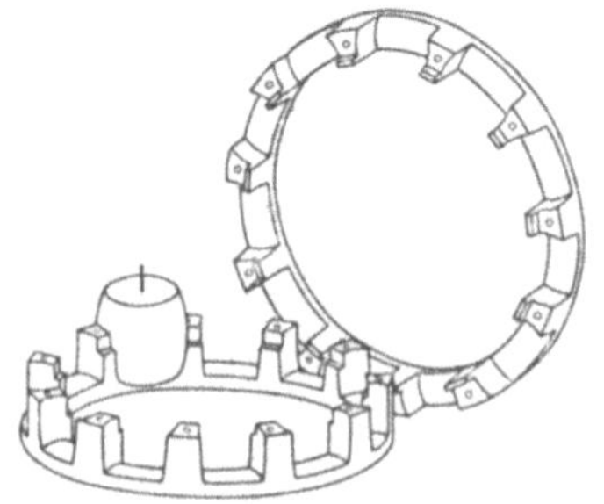

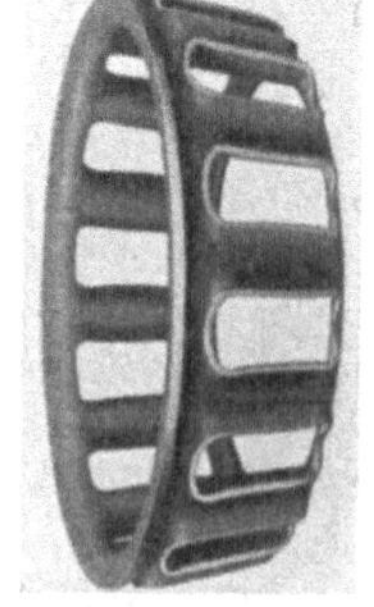

Fig. 80.　Bronzekäfig
B. K. F.

Fig. 81.　Käfig für Tonnenlager (Fischer).

Fig. 82.　Käfig für
Kegelrollen (Krupp).

3. Rollenlagerkäfige. Der Bolzenkäfig (Fig. 79) ist der älteste Käfig für Rollenlager. Die mit Bolzen zusammengenieteten Seitenbleche bilden den Käfig;

die Rollen sind durchbohrt und laufen auf den ungehärteten Bolzen. Da die Rollenbohrung nicht geschliffen wird, tritt leicht bei höheren Umlaufzahlen Fressen ein, begünstigt durch die Seitenbleche, die den Schmiermittelzutritt erschweren. Allerdings werden die Rollen im Interesse geringer Reibung an der Stelle, wo die kleinsten Drehzahlen herrschen, gefaßt.

Alle neueren Käfige sind Massivkäfige, die sich nur wenig unterscheiden und die Rollen an der Mantelfläche führen. Einen symmetrischen Bronzekäfig stellt die B. K. F. her (Fig. 80): Die Rollen sind paarweise angeordnet, zwischen je 2 Rollen ist genietet, die Aussparung für die Rollen wird gefräst.

Ähnlich ist der Tonnenlagerkäfig von Fischer (Fig. 81). Er besitzt noch Zentrierränder; die Verbindung erfolgt ebenfalls durch Nieten.

Der Käfig für kegelige Rollen (Fig. 82), von Krupp hergestellt, wird aus einem Stück gepreßt. Die Formgebung gibt großen Widerstand gegen Verbiegen.

IX. Normen und Passungen.

Die Kugellager, besonders die Querlager, wurden bereits um 1900 genormt; es handelt sich also bei ihnen um eine der ältesten Normen für Maschinenelemente. Eine gesetzmäßige Abstufung der Durchmesser und Breiten mit vorwiegend auf 5 und 10 mm abgerundeten Maßen (Ausnahme 37 mm und 47 mm Durchmesser) brachten die DIN-Normen. Die in Frage kommenden Normblätter sind aus dem Übersichtsblatt DIN 619 zu ersehen.

Außer den auf den Normblättern verzeichneten Lagern gibt es noch sog. „schmale“ Reihen, die für den Automobilbau (besonders in französischen Wagen) gebraucht werden und die „verlängerten“ Reihen mit einer Bohrung über 100 mm bis etwa 250 mm und Außendurchmessern bis 500 mm[1]). Sie werden ebenfalls mit der Zeit, wie auch die bestehenden Normen, international festgelegt werden.

Für die Längslager hat sich bis jetzt noch keine durchgehende Normung schaffen lassen, da erhebliche Abweichungen zwischen den einzelnen Fabrikaten bestehen und jede Firma für ihre Sonderbauarten bestimmte Abnehmer hat.

Die Belastungsangaben, die in den älteren Katalogen erhebliche Unterschiede zeigen, sind ebenfalls durch die Normung vereinheitlicht und durchschnittlich niedriger gewählt worden, da viele Verbraucher die an ihren Maschinen auftretenden Lagerdrücke, namentlich die neben dem Querdruck auftretenden Längsdrücke, nicht kennen. Es ist also die Sicherheit erhöht, nicht etwa die Tragfähigkeit vermindert worden.

Die genormten Maße beziehen sich auf die den Konstrukteur interessierenden Außenabmessungen, für die also die Normblätter genügen. Der innere Aufbau (Rillenform, Kugeldurchmesser, Käfig usw.) ist unterschiedlich.

Die Bezeichnung der Lager ist bei den Herstellern leider nicht einheitlich und weicht von den Normblättern in manchen Fällen ab. Viele Firmen führen aber in den Katalogen neben ihrer Bezeichnung die genormte Kennzeichnung.

Abnorme Lager sind stets teurer als genormte Ausführungen, auch wenn sie in größeren Mengen bestellt werden; außerdem ist immer mit wesentlich längerer Lieferzeit zu rechnen. Besonders unangenehm wird die Nachbestellung oder Ersatzlieferung einzelner abnormer Lager. Es werden sich in der großen Zahl der genormten Lager stets passende Abmessungen finden, so daß abnorme Lager unnötig sind. Stößt man auf Schwierigkeiten, dann lasse man sich von einem Sonderfachmann oder einer Kugellagerfabrik Vorschläge ausarbeiten.

---

[1]) Masch.-Bau 1924. Mitt. des NDI Nr. 40.

Um die Austauschbarkeit bzw. Ersatzlieferungen nicht zu gefährden, mußte beim Kugellager von einer Anpassung an die DIN-Passungen abgesehen werden. Für die Außendurchmesser der Kugellager ist die Nullinie die obere Begrenzungslinie seit jeher gewesen; die für die Bohrungen bestehenden Unterschiede sind jetzt so geregelt, daß auch hier die Nullinie die obere Begrenzungslinie ist[1]).

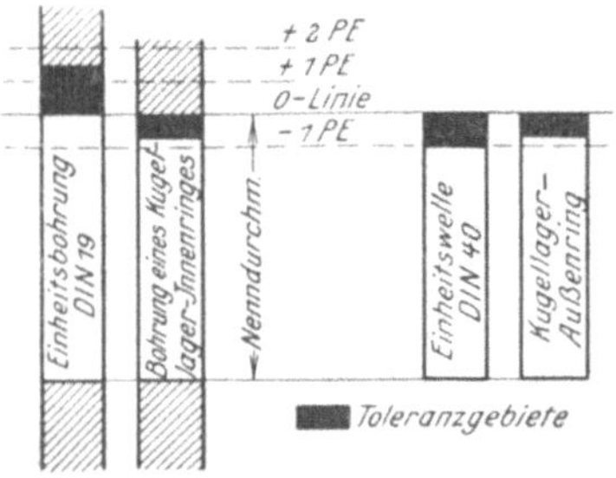

Fig. 83 zeigt in einer Gegenüberstellung die Differenzen zwischen Außendurchmesser und Einheitswelle einerseits und Bohrung der Innenringe und Einheitsbohrung andererseits. Das Toleranzgebiet ist bei Kugellagern kleiner als bei den DIN-Passungen für Welle und Bohrung. Trotzdem ist eine unbedingte „Austauschbarkeit" nicht zu erreichen.

Die tatsächlichen Abmaße sind außerdem stets kleiner als die gewährleisteten, da beim Schleifen Grenzlehren mit engeren Toleranzen verwendet werden. Eine gesteigerte Genauigkeit, die vielfach gewünscht wird, würde eine wesentliche Verteuerung der Kugellager nach sich ziehen, außerdem wäre sie auch zwecklos, denn die Genauigkeit der Wellen und Gehäuse der Verbraucher ist erfahrungsgemäß nicht so groß. Es ist z. B. schwierig, Gehäuse von 100 mm Bohrung mit einer Toleranz von 0,015—0,02 mm herzustellen, namentlich bei geteilten Gehäusen.

Absolute Austauschbarkeit ist also nicht erzielbar, denn die Passungen sind im Vergleich mit den notwendigen Toleranzen bei der Massenherstellung zu empfindlich. Das Grenzlehrensystem ist hier an der Grenze seiner Leistungsfähigkeit angelangt. In Sonderfällen muß also ausgesucht werden, oder es müssen engere Abmaße und somit wesentlich teuere Lager bestellt werden.

Je nach der Größe der Lager muß die entsprechende Passung für den Innen- und Außenring gewählt werden. Grundsätzlich soll bei den geschlossenen Lagern der Innenring fest auf der Welle sitzen und der Außenring von Hand im Gehäuse verschiebbar sein („schwimmender" Einbau), gleichgültig, ob sich die Welle oder das Gehäuse dreht (z. B. Riemenscheiben).

Bei den Schulterlagern und offenen Rollenlagern sind jedoch Abweichungen von dieser Regel nötig. Betrachtet man Fig. 84, dann ist ohne weiteres einzusehen, daß beim sog. „schwimmenden" Einbau der Außenring des Lagers I sich nicht in axialer Richtung bewegen kann, da er in jeder Richtung durch die Kugeln gehalten wird. Dagegen kann der Außenring des Schulterlagers II in der Pfeilrichtung wandern und der Außenring des offenen Rollenlagers III nach beiden Seiten ausweichen. Da aber bei Anordnung mehrerer Lager auf einer Welle nur ein Lager die axiale Fixierung am Außenring übernimmt (im vorliegenden Falle zweckmäßig das Lager I), ergibt sich die Forderung, daß bei allen nicht geschlossenen Wälzlagern auch der Außenring stramm im Gehäuse sitzen muß.

Einige Firmen, z. B. die Norma-Co., führen die Mantelflächen der Schulterkugel- und Rollenlager mit anderen Toleranzen aus, so daß sich ohne unterschied-

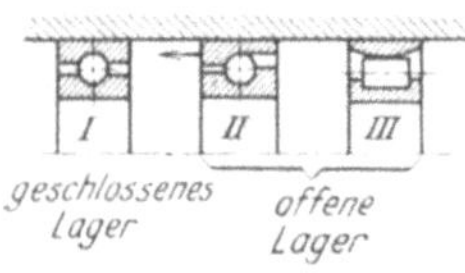

Fig. 83. Unterschiede zwischen DIN- und Kugellagerpassungen.

Fig. 84. Passung der Außenringe.

---

[1]) S. hierzu: Gohlke: „Kugellager im Austauschbau" in Kienzle: Der Austauschbau. Berlin, Julius Springer. Kirner: Primäre Marktware, Betrieb 1920, S. 324. Gramenz: DIN-Passungen und ihre Anwendungen.

lichen Gehäusedurchmesser der richtige Sitz ergibt. Fig. 85 zeigt die allgemeinüblichen Toleranzgebiete für die Mantelflächen. Um bei den offenen Lagern den festen Sitz im Gehäuse zu gewährleisten, sind hier die Toleranzen wesentlich enger. Die schematische Darstellung läßt die Grenzwerte für die Gehäusebohrungen ebenfalls erkennen, bei denen das kleinste Abmaß wie bei der Einheitsbohrung mit dem Nullmaß zusammenfällt. Für die kleineren Lager ergibt sich dann angenähert die Edelpassung und ungefähr von 40 mm ab die Feinpassung. Die zu wählenden Grenzlehren für die Gehäuse sind aus Fig. 85 zu ersehen.

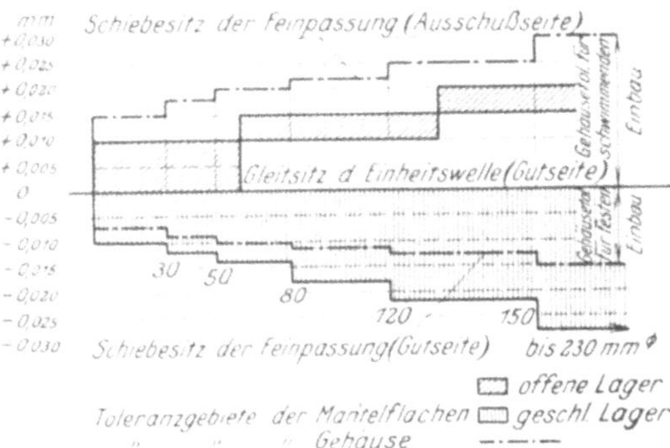

Fig. 85. Passungen für Außenringe.

Fig. 86 zeigt die Passungsverhältnisse am Innenring. Grundsätzlich ist zu beachten, daß die Wandung der Innenringe bei den leichten Reihen schwächer ist als bei den mittelschweren und schweren Reihen. Da die beiden letztgenannten Ausführungen größere Kräfte zu übertragen haben, müssen sie auch fester auf der Welle sitzen; wegen der größeren Wandstärke ist ein Aufdornen, das ein Verklemmen der Kugeln nach sich ziehen würde, nicht zu befürchten. Bei den leichten Reihen über 80 mm Bohrung kann ebenso wie bei den stärkeren Reihen der Festsitz gewählt werden. Da die Bohrung enger als die Einheitsbohrung ist (vgl. Fig. 83 und 86), wählt man für die Abmaße der Welle den Haftsitz, der den gewünschten Festsitz ergibt.

Will man für die schwächeren Lager den Haftsitz erhalten, dann legt man die Wellentoleranz zwischen die Gutseite des Schiebesitzes und Ausschußseite des Haftsitzes = Gutseite des Gleitsitzes.

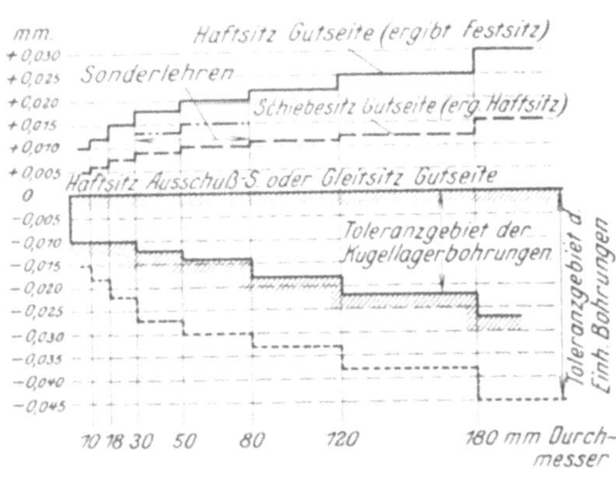

Fig. 86. Passungen für Innenringe.

Bei den Bohrungen zwischen 30 und 80 mm ergibt die Gutseite des Haftsitzes einen zu strammen Sitz, zumal wenn man bedenkt, daß bei der unvermeidlichen Abnutzung der Lehren die Welle noch stärker ausfällt. Bei diesen am meisten vorkommenden Bohrungen empfiehlt sich für das obere Abmaß die Beschaffung von Sonderlehren.

Wo die Wälzlager stets wiederkehrend Verwendung finden, lohnt sich die Haltung besonderer Lehren für die Einbauteile, damit die Passungen mit Sicherheit gleichmäßig werden.

X. Abdichtungen.

Eine Hauptbedingung für die lange Lebensdauer eines Wälzlagers ist es, Staub, Feuchtigkeit, Säuredämpfe usw. fernzuhalten. Wenn die Rollkörper über Staub, kleine Späne u. dgl. zu laufen haben, entstehen infolge der kleinen

Berührungsflächen hohe Überlastungen; besitzen die Fremdkörper eine gewisse Härte, dann bilden sich Eindrückungen, die zu einem geräuschvollen Gang des Wälzlagers führen.

Unter Zutritt von Feuchtigkeit bilden sich Rostnarben. Sobald dann benachbarte Stellen einen Druck zu übertragen haben, bröckeln die Ränder der Narben ein. Die Ausbröckelungen, die glashart sind, werden dem Wälzlager sehr gefährlich, während Rostnarben beim Gleitlager ungefährlich sind und wie Schmiernuten wirken. Beim Eindringen von Säure wird der Zerstörungsvorgang wesentlich beschleunigt. Fig. 87 zeigt schematisch die Verkürzung der Lebensdauer bei nicht sorgfältiger Abdichtung.

Die einfachste Abdichtung ist die Ölrinne; sie eignet sich nur für völlig staubfreien Betrieb. Zweckmäßiger ist es, sie nach Fig. 88 mit einem Filzring auszufüllen, dessen Durchmesser un-

Fig. 87.

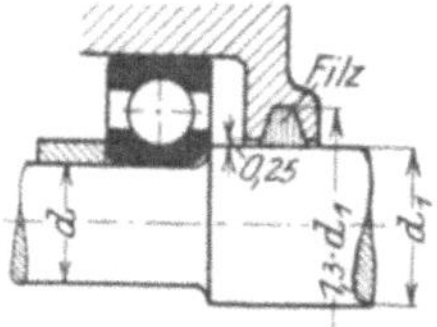

Fig. 88.

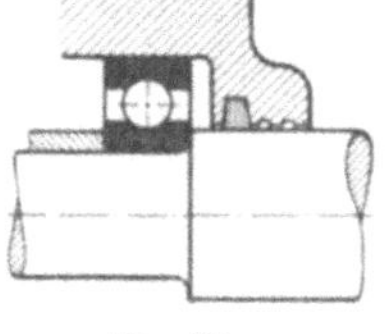

Fig. 89.

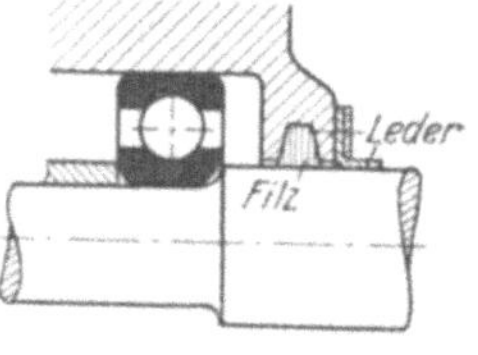

Fig. 90.

gefähr $1,3 \cdot d_1$ betragen soll. Die Gehäusebohrung für den Wellendurchtritt soll für nicht einstellbare Lager höchstens 0,5 mm größer als die Welle sein. Die Anordnung von 2 Filzringen nebeneinander ist fehlerhaft, denn nur der innere Ring wird mit dem Schmiermittel getränkt und bleibt elastisch, der äußere dagegen verhärtet und frißt sich auf der Welle ein und wirkt dann stark bremsend. Besser ist es, dem Filzring einige Schmutzfangrillen nach Fig. 89 vorzuordnen; das in die Rillen dringende und dort harzende Schmiermittel hält bereits Staub fern. Natürlich kann man auch den Filzring fortlassen und nur eine Anzahl Schmutzrillen vorsehen; dies ist auf alle Fälle zweckmäßiger als die Ausführung nach Fig. 88 ohne Filzring.

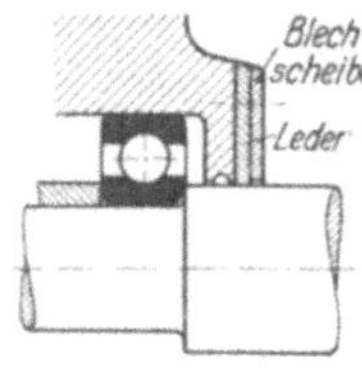

Fig. 91.

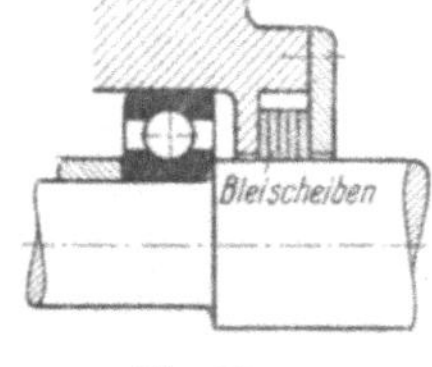

Fig. 92.

Gute Abdichtungen gegen Feuchtigkeit erzielt man mit Leder. Fig. 90 zeigt die Anordnung einer Ledermanschette am Gehäuseäußeren und Fig. 91 den Einbau eines Lederringes.

Um Säure und Laugen (Kaliindustrie) fernzuhalten, ist die Verwendung von schmalen Bleischeiben zweckmäßig; sie müssen sich frei bewegen können, damit sie sich gegenseitig etwas abschleifen und mit ihrer Bohrung nach Art einer Irisblende den Wellenzapfen umhüllen. Fig. 92 zeigt eine zweckmäßige Ausführung.

Für kleinere Lager und solche mit hohen Umlaufzahlen, bei denen Filz, Leder u. dgl. bremsend

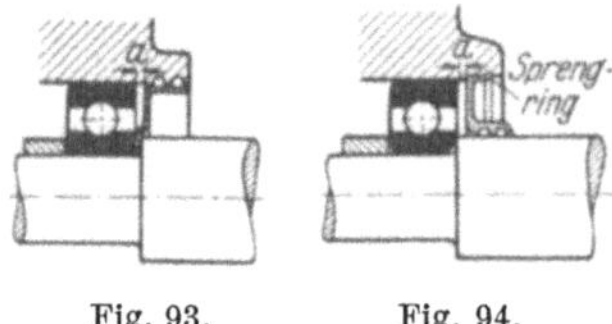

Fig. 93.   Fig. 94.

wirkt und der Bremswiderstand wegen der Kleinheit der zu übertragenden Kräfte stark ins Gewicht fällt, kann man unter Verzicht auf einen eigentlichen Gehäusedeckel Abdichtungen nach Fig. 93 und 94 anbringen. In beiden Fällen sind gepreßte oder gespritzte Deckel vorgesehen, die

entweder nach Fig. 93 zwischen Innenring und Wellenschulter gespannt werden
und nun am Gehäuse abdichten oder nach Fig. 94 durch Sprengring im Gehäuse
befestigt sind und auf der Welle abdichten. Der nicht umlaufende Teil wird zweckmäßig mit Schmutzfangrillen versehen. In beiden Fällen muß ein Zwischenraum a
vorgesehen werden, damit die Käfige nicht anstreifen.

Gegen Spritzwasser sind besonders sorgfältig Abdichtungen nötig; in der
Regel verwendet man Spritzringe, die je nach dem auftreffenden Wasserstrahl zu
formen sind. Die Figuren 95÷97 zeigen einige Ausführungsmöglichkeiten, wie
sie z. B. für die Naßpartie an Papiermaschinen zweckmäßig sind. Ebenfalls
große Bedeutung ha-
ben die Spritzringe
für die Lagerung der
Achsen von Motor- und
Schienenfahrzeugen,
sowie für Straßenbahn-
motore.

Der Spritzring in
Fig. 95 kann ein- oder
zweiteilig sein. Die Fläche a soll stets so geneigt sein, daß
etwa eingedrungenes Wasser nach außen geschleudert wird,
auch soll beim Stillstand der Maschine zufließendes Wasser
nicht an das Wälzlager gelangen können, sondern unten wieder ablaufen. In
der Zeichnung sind noch Schmutzrillen vorgesehen.

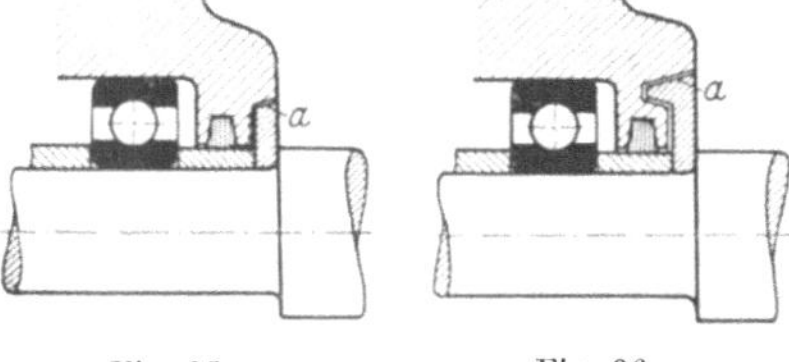

Fig. 95.

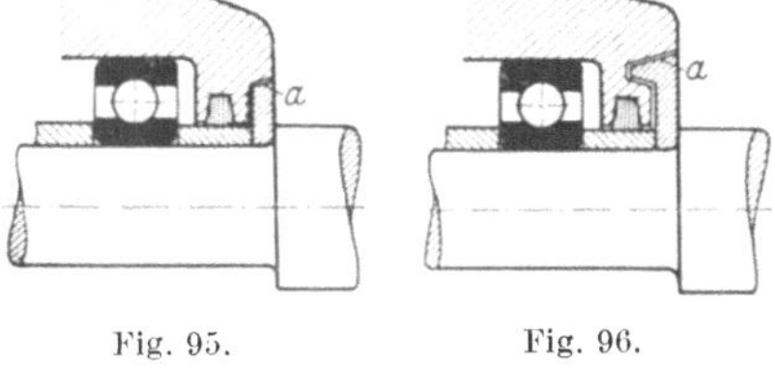

Fig. 96.

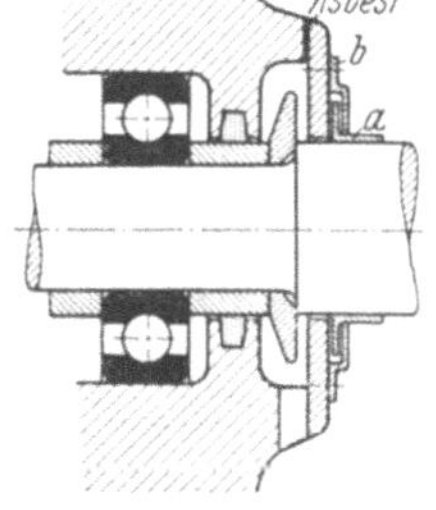

Fig. 97.

Eine sehr wirkungsvolle Ausführung, vorteilhaft für Kraftwagenachsen,
stellt Fig. 96 dar: Der Spritzring hat einen nach innen gekehrten Rand, und
alle Flächen sind so abgeschrägt, daß stets eine gute Schleuderwirkung eintritt.

Eine zwar teure, aber unbedingt zuverlässige Abdichtung gegen mit starkem
Strahl auftreffendes Wasser, z. B. bei Papiermaschinen, ist in Fig. 97 gezeigt.
Den äußeren Gehäuseabschluß bilden 2 Ringe a und b, wobei der Ring b teil-
weise den Ring a überdeckt und auf diese Weise bereits die größte Wassermenge

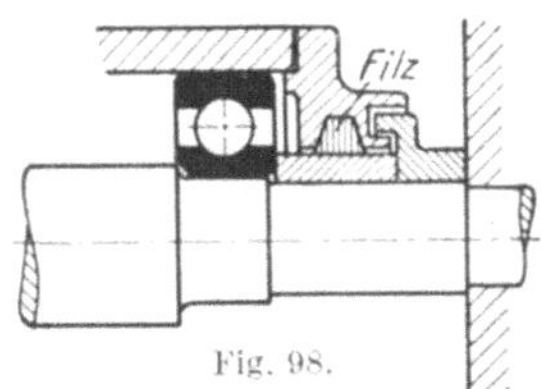

Fig. 98.

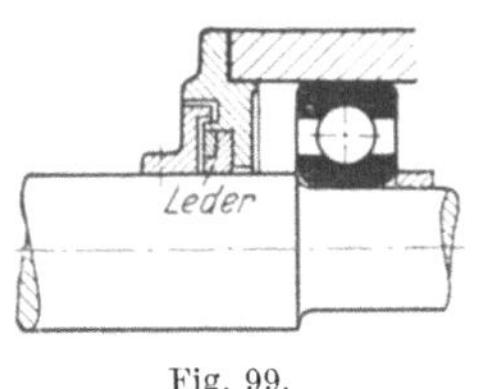

Fig. 99.

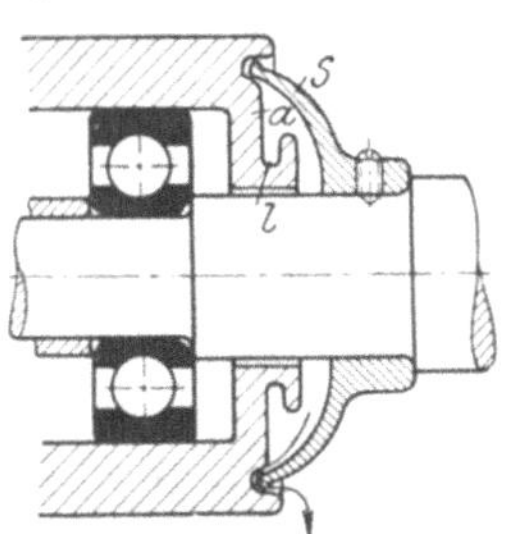

Fig. 100.

fernhält. Etwa durchsickerndes Wasser wird von dem
Spritzring in die Kammer des Gehäuses geschleudert und
fließt durch die untere Bohrung wieder ab. Der außerdem
noch vorhandene Filzring hält den sich bildenden Wasserdunst vom Wälzlager fern.

Die Fig. 98 und 99 stellen bewährte Abdichtungen Bauart Fichtel
& Sachs für Automobilachsen dar. Die für beide Ausführungen ähnlichen Spritzringe greifen in Eindrehungen des entsprechend geformten Gehäusedeckels; dabei
ist in Fig. 98 Filz als Dichtungsmaterial gewählt, in Fig. 99 Leder. Beide
Ausführungen gestatten eine Säuberung des Wagenunterteiles durch Wasserstrahl,
ohne daß Eindringen von Wasser und somit Rostbildung zu befürchten ist.

Abdichtungen mit Verzicht auf Filzringe, Lederscheiben od. dgl. zeigen die
folgenden Figuren, und zwar Fig. 100 zunächst eine Spritzringanordnung von Fichtel

& Sachs. Das beim Stillstand am Spritzring S eindringende Wasser läuft an der Gehäusewand a entlang und in die Rille l, von hier aus tropft es unten wieder ab und gelangt so aus dem Lager. Einen sich dem Gehäuse gut anschmiegenden Spritzring zeigt Fig. 101. Der Ring a dichtet noch gegen eine Rille. Fig. 102 zeigt mehrere Schmutzrillen und einen ein- oder zweiteiligen Ring, der nach Art einer Labyrinthdichtung Fremdkörper fernhält. Die Ausführung nach Fig. 103 ähnelt Fig. 101;

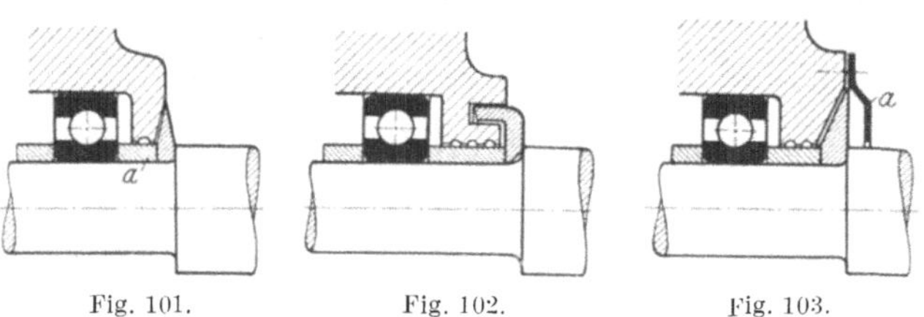

Fig. 101.   Fig. 102.   Fig. 103.

auch hier schmiegt sich der Schleuderring dem Gehäuse an. Die Wirkung der Abdichtung kann durch einen angeschraubten Ring a erhöht werden.

Die Wälzlager in Straßenbahnmotoren sind besonders stark dem Ausschmirgeln durch Staub ausgesetzt; Fig. 104 zeigt eine typische Abdichtung für diese Betriebsfälle: Das Gehäuse wird etwas länger ausgeführt, um

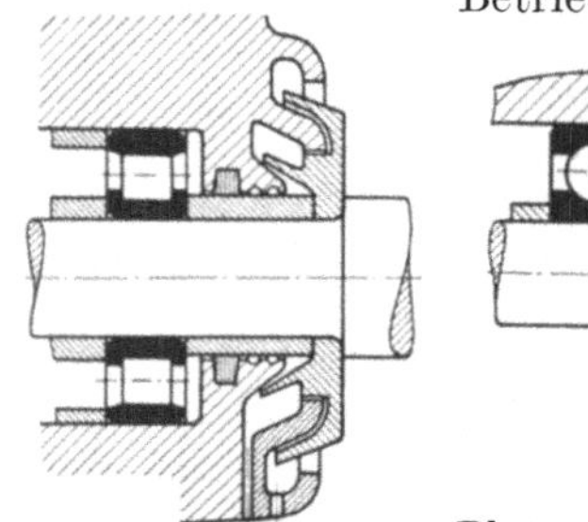

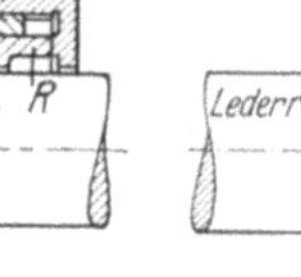

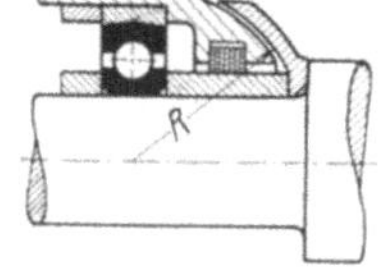

Fig. 105.   Fig. 106. Abdichtung   Fig. 107.
                                 für Einstellager.

Fig. 104. Abdichtung
an Straßenbahnmotoren.

Platz für die Labyrinthdichtung zu bieten, und der Spritzring erhält 2 Schleuderränder. Die Kammern haben unten Löcher für das Abfließen des Wassers. Außerdem ist das Lager noch durch einen Filzring, dem Schmutzfangrillen vorgeordnet sind, geschützt.

Den Zutritt von Säuredämpfen, Gasen usw. kann man verhindern, wenn man eine Abdichtung nach Art der Stopfbüchsen verwendet. Fig. 105 zeigt eine Ausführung von Fichtel & Sachs. Da Filz oder Leder sich festfressen würde, ist Talg als Dichtungsmasse gewählt worden. Der Ring R wird durch die Mutter M gegen die Talgpackung gedrückt und durch die Gegenmutter G wird selbsttätiges

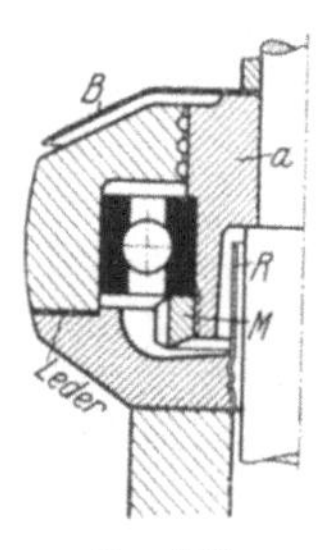

Fig. 108.

Lösen verhindert. Bei Einstellagern muß die Gehäusebohrung für den Wellendurchtritt entsprechend der mutmaßlichen Schiefstellung größer gebohrt werden; natürlich wird damit die Gefahr, daß Fremdkörper eindringen, vergrößert, und es muß für eine besonders gute Abdichtung gesorgt werden.

Fig. 106 zeigt eine Ausführung, bei der Lederringe als Dichtung vorgesehen sind, die Wirkungsweise ist aus der Figur ersichtlich. Wenn ein Schleuderring Verwendung finden soll, dann müssen die Berührungsflächen ihren Schwingungspunkt im Mittelpunkt des Wälzlagers haben wie in Fig. 107.

Fig. 108 zeigt den Einbau eines Querlagers für eine senkrechte Welle. Der Innenring sitzt auf dem Teil a und wird durch die Mutter M festgezogen. Das Gehäuseunterteil ist als Ölbehälter ausgebildet. Ein eingebördeltes Stück Rohr R ermöglicht die Einfüllung eines größeren Ölvorrates. Die Mutter M schleudert das Schmiermittel in das Wälzlager. Oben ist das Wälzlager durch den umlaufenden Blechring B geschützt, außerdem sind noch Schmutzrillen im Gehäuse vorgesehen.

Die schematische Darstellung Fig. 109 zeigt ein bewährtes Verfahren, das Ölstandrohr, das zweckmäßig aus Kupfer gewählt wird, einzubördeln. Eine gehärtete Stahlkugel, wie sie bei den Kugellagerfirmen erhältlich ist, und deren Durchmesser etwas größer ist als der Innendurchmesser des Rohres, wird mittels Kupferdorn durch das Rohr, das in das vorbereitete Gehäuse gesteckt ist, getrieben. Das Rohr preßt sich hierbei in die Nuten der Gehäusebohrung und dichtet, da kein Druck herrscht, genügend ab.

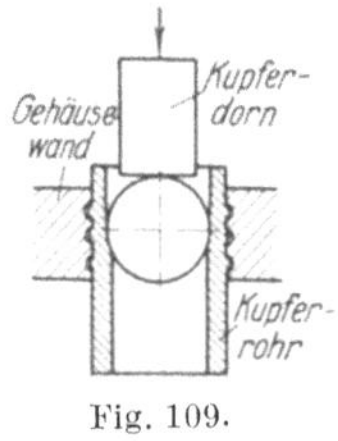

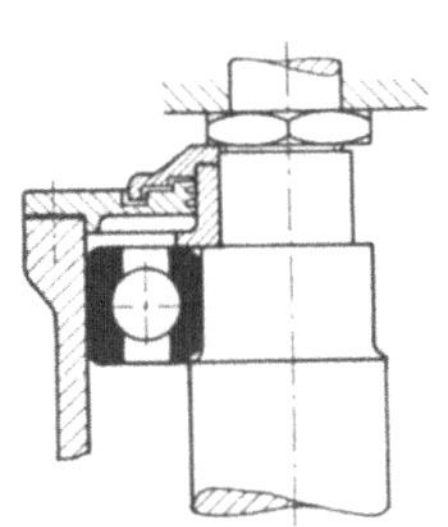

Fig. 109.

Für Gehäuse mit glatter Bohrung empfiehlt sich eine Anordnung nach Fig. 110, die wie eine Labyrinthdichtung wirkt und namentlich gegen das Eindringen von Wasser schützt.

In staubigen Betrieben, z. B. Kollergänge in Gießereien, Mühlen u. dgl., schützt man das Lager der Königswelle durch eine Dichtung nach Fig. 111, wo Wasser in einem kreisförmig angeordneten Behälter den Staub bindet und ein Abschlußring den direkten Zutritt verhütet.

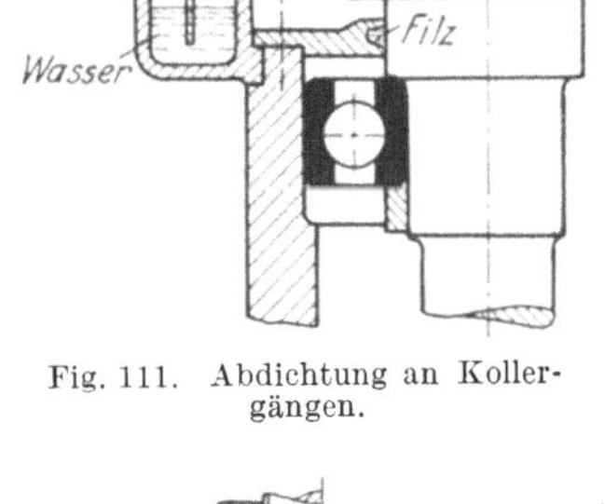

Fig. 110. Abdichtung senkrechter Wellen gegen Wasser.

Fig. 111. Abdichtung an Kollergängen.

In Fig. 112 ist das Ölrohr durch Blei abgedichtet, das Lager oben durch einen umlaufenden Schutzring. Ferner ist noch eine Ölfüllschraube vorgesehen. Die Anordnung ist für Senkrechtmotore gedacht.

Ist für senkrechte Kräfte ein Längslager nötig, dann kann dies nach Fig. 113 geschützt werden. Die obere Druckscheibe ist in der Bohrung und die untere an der Mantelfläche zentriert. Die winklig gebogenen Blechringe a und b liegen unter den Druckscheiben, während ein Rohrstück c auf die untere Auflage gesteckt wird.

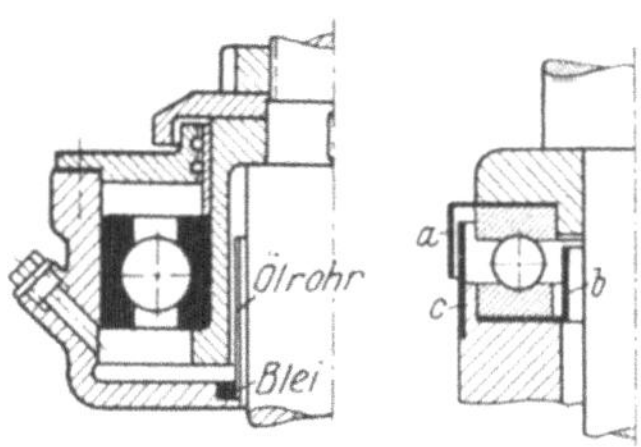

Fig. 112. Abdichtung der Senkrechtmotore.

Fig. 113. Abdichten eines Längslagers.

In vielen Fällen, namentlich im Hebezeugbau, werden einstellbare Längslager verwendet. In Fig. 114 ist die obere glatte Scheibe wie bei Fig. 113 befestigt, und für die untere ballige Scheibe ist ein Einsatzstück E vorgesehen, da die Einarbeitung der balligen Gegenfläche in das Unterteil U schwierig wäre. Die Ausführung der Dichtung ist aus der Figur zu ersehen. — In Fig. 115 ist eine Ausführung gezeigt, bei der die glatte Scheibe an ihrer Mantelfläche zentriert wird, und in

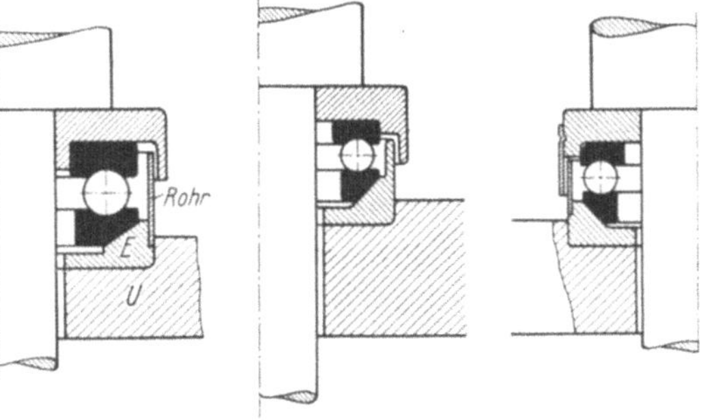

Fig. 114.

Fig. 115.

Fig. 116.

Lagerung von Kranhaken mit Abdichtung.

Fig. 116 eine ähnliche Anordnung, bei der aber als Abdichtung zwei übereinandergreifende Rohrenden gewählt wurden.

Weitere Maßnahmen zum Schutze der Wälzlager sind in den ausgeführten Einbaubeispielen gezeigt.

XI. Schmierung.

Auch das Wälzlager bedarf der Schmierung; während aber beim Gleitlager ein Ölfilm gebildet wird, der die metallische Berührung von Welle und Lagerschale vermeiden und dafür eine „rollende" Reibung der Ölmoleküle schaffen soll, hat das Schmiermittel beim Wälzlager mehr die Aufgabe zu erhalten; denn die hochpolierten Wälzkörper und ihre Laufbahnen müssen möglichst in ihrem Erzeugungszustand bleiben. Es genügt also, wenn ein Ölhauch vorhanden ist. Wegen der Kleinheit der Berührungsflächen und des hohen spezifischen Druckes wird in der belasteten Zone das Schmiermittel an der Berührungsstelle verdrängt, nur zwischen Wälzkörper und Käfig findet reichlichere Schmierung statt. Es ist erklärlich, daß an die Güte des Schmiermittels höhere Anforderungen gestellt werden müssen, als man beim Gleitlager gewöhnt ist. Das bekannte konsistente Staufferfett enthält einen zu hohen Säure- und Aschegehalt und ist tunlichst zu vermeiden. Pflanzliche und tierische Öle neigen zu sehr zum Harzen und Ranzigwerden und müssen ebenfalls ausscheiden; denn es wird nur in längeren Zwischenräumen (oft länger als ein Jahr) nachgefüllt; in dieser Zeit sind die pflanzlichen Öle häufig vollkommen verhärtet.

Graphit zu verwenden ist überflüssig und schädlich, denn er findet keine Poren zum Eindringen wie beim Gleitlager und wirkt daher als Fremdkörper, der außerdem noch die Schmierlöcher verstopft. Er enthält auch oft Asche.

Das beste Schmiermittel ist hochwertiges Mineralöl, dessen Nachteil, mit wachsender Erwärmung dünnflüssiger zu werden und deswegen an Schmierfähigkeit einzubüßen, hier nicht in Frage kommt, da die Temperaturerhöhung stets in mäßigen Grenzen bleibt.

Die Viskosität (Zähflüssigkeit) des zu wählenden Öles bestimmt die Drehzahl des Lagers. Für langsam laufende Lager (Kranhaken usw.) kann man sehr dickflüssige bis salbenartige Öle verwenden, während man für hohe Umlaufzahlen dünnflüssige Öle benutzt, wobei zu beachten ist, daß dann das Lager zweckmäßig kein Ölbad erhält, weil sonst das Schmiermittel schäumt, sich erhitzt und seine Schmierfähigkeit verliert, da es infolge der Zentrifugierung zersetzt wird. Vielfach kann man bei heißgelaufenen Wälzlagern ein Heruntergehen auf die normale Temperatur beobachten, nachdem man das Öl abgelassen hat.

Die Schmierlöcher müssen unbedingt dicht verschließbar sein und dürfen nicht zu klein gewählt werden. Es ist besser, gar keine Schmierlöcher vorzusehen und bei gelegentlicher Überholung der Maschine die Lagergehäuse wieder mit Fett auszufüllen, wie z. B. bei vielen Zündmagneten, als offene Schmierlöcher zu benutzen, die Staub und Fremdkörpern ungehindert Zutritt gewähren.

Fig. 117.

Bei den in Frage kommenden helleren Mineralölen kann man vollständige Abwesenheit von Säuren verlangen. Die sichere Feststellung von freien oder Mineralsäuren kann nur durch eine chemische Analyse erfolgen. Einige Kugellagerfabriken untersuchen für ihre Abnehmer kostenlos die Schmiermittel und sind auf Grund ihrer Erfahrungen in der Lage, einwandfreie Öle zu empfehlen. Ein einfaches Prüfmittel besteht in dem Umwickeln eines polierten Stahlstückes mit einem Lappen, der mit dem zu prüfenden Öl getränkt ist. Wird das Stück einige Tage trockener Wärme (Sonne) ausgesetzt und zeigen sich dann rostige Flecke, so ist das Schmiermittel für Kugellager ungeeignet. Fig. 117 zeigt die Laufbahn eines Außenringes, die durch säurehaltige Schmiermittel zerstört wurde.

Bei kleineren Lagern verwendet man mit Vorteil ungebleichte Vaseline; für größere Lager mit entsprechend großem Fettraum ist sie meist zu teuer.

Die Wälzlager werden eingefettet geliefert, doch ist dies Fett sehr dickflüssig, damit es nicht durch die Verpackung fließt und hat in der Regel die Wälzkörper und den Käfig verklebt. Dies Fett ist vor dem Einbau durch Auswaschen in Petroleum zu entfernen.

XII. Auswahl der Wälzlager.

Die Frage, ob Gleit- oder Wälzlager, ist heute seltener zu erörtern; es handelt sich meistens darum, welche Wälzlagerart in einem bestimmten Fall die geeignetste ist.

Maßgebend sind:

Eigenschaften des Wälzlagers: Normung — Belastbarkeit bei verschiedenen Drehzahlen — Bei Querlagern, die Aufnahmefähigkeit von Längsdrücken — Preis.

Eigenarten der Betriebsverhältnisse: Verfügbarer Raum — Neubau oder Umbau — Lagerentfernung — Art der Maschine und des Antriebes, z. B. ob Riemenscheibe, Zahn- oder Kegelrad, rohe oder gefräste Räder — Drehzahl — Höchstbelastung je Lager — Zusätzlicher Axialdruck, nach einer oder nach beiden Seiten — Gleichmäßige oder schwankende Belastung — Stoßfreier oder unruhiger Gang — Einhaltbare Genauigkeit beim Einbau (Werkzeugmaschine oder landwirtschaftliche Maschine) — Zeitweiser Betrieb (Hebezeuge) — Schichtbetrieb (mechanische Werkstätten) — Tag- und Nachtbetrieb (Schiffsmaschine, Wasserwerk) — Zusatzbelastung durch exzentrische rotierende Massen — Einbau in hin und her gehende Massen — Bei Fahrzeugen: Art der Bereifung — Bei Motoren: Explosionsdruck — Staub, Dämpfe, Feuchtigkeit, Temperatur, Sicherheitsgrad.

Die Aufzählung der vorstehenden hauptsächlichsten Gesichtspunkte zeigt, daß es keine zuverlässige Formel für die Bestimmung der Wälzlager geben kann, obwohl es an Versuchen hierfür nicht gefehlt hat[1]). In allen nicht völlig klar liegenden Verhältnissen wende man sich daher an Sonderfachleute oder an die Hersteller der Lager unter möglichst lückenloser Angabe der Betriebsverhältnisse. Erfahrungsgemäß unterschätzt der Verbraucher die auftretenden Belastungen, namentlich die Stöße, die dem Wälzlager leicht gefährlich werden. — Man bedenke, daß ein Wälzlager mit seinem Gehäuse in der Längsrichtung zwar weniger Platz als ein Gleitlager beansprucht, die Konstruktion also kürzer ausfallen kann, daß dafür aber der Durchmesser größer ist; und es rächt sich fast immer, wenn man ein Wälzlager in den gleichen Raum zwängen will, mit dem man beim Gleitlager auskam, wenn man also zu schwache Lager wählt.

---

[1]) Symanzik: Bestimmung der Kugellager mittels graphischer Tabellen. Betrieb 1921, S. 535. Palmgren: Formeln für die Lebensdauer der Kugellager. V. d. I. 1924, S. 339. Macaulay: The Automobile Engineer. Juli 1923.

Bei Walzenstühlen, Mühlen usw. handelt es sich um verhältnismäßig neue Gebiete, die Versuche erfordern, da man die auftretenden Belastungen schwer berechnen kann. Die Wahl zu schwacher Lager kann das Wälzlager auf Jahre hinaus in einem Fachgebiet in Verruf bringen, wie seinerzeit bei der Einführung in Elektromotoren. — Besondere Vorsicht ist auch bei Transmissionen geboten.

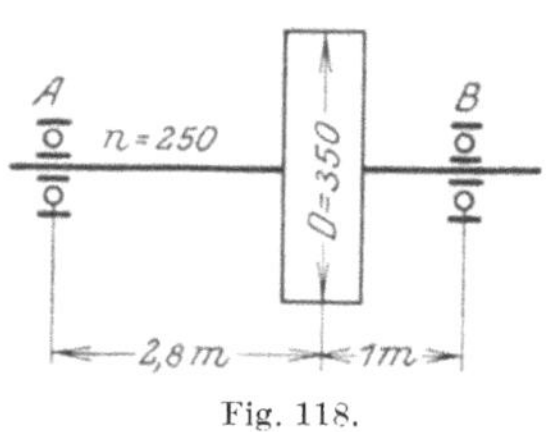

Fig. 118.

denn es ist nicht leicht, ein in der Mitte einer vielleicht 15 m langen Welle zerstörtes Kugellager auszuwechseln. Bei der Bestimmung der Lagergrößen denke man an die fast immer eintretende Vermehrung der Riemenscheiben mit noch unbekanntem Riemenzug und wähle, da es sich außerdem um Spannhülsenlager handelt, die Abmessungen reichlich.

Bei Riemenübertragung unter Voraussetzung annähernd gleichbleibender Belastung rechnet man mit dem fünffachen Riemenzug R. Liegen z. B. die in Fig. 118 gekennzeichneten Betriebsdaten vor, dann bestimmt sich der Druck $Q = 5R$ auf die Riemenscheibe:

$$Q = 5 \cdot \frac{75 \cdot 60}{\pi} \cdot \frac{N}{n} \cdot \frac{1000}{D} \approx \frac{7500}{0,350} \cdot \frac{12}{250} \approx 1030 \text{ kg} .$$

Die Lagerstellen erhalten somit folgende Belastungen:

$$A = \frac{1030 \cdot 1}{3,80} = 270 \text{ kg}; \qquad B = \frac{1030 \cdot 2,80}{3,80} = 760 \text{ kg} .$$

Für die geforderte Übertragung von $N = 12$ PS bei einer Umlaufzahl $n = 250$ ist ein Wellendurchmesser von 60 mm zu wählen[1]).

In nachstehender Tabelle sind die in Frage kommenden Spannhülsenlager mit 60 mm Bohrungsdurchmesser zusammengestellt.

Lagerbezeichnung	Lagerart	Tragfähigkeit bei		Preis[2]) etwa M.
		$n = 200$	$n = 500$	
Z 60 DIN 632 (Außendurchm. = 120 mm)	einreihig, leicht, ohne Einstellring	880	720	23.—
Z 60 DIN 633 (Außendurchm. = 150 mm)	einreihig, mittel, ohne Einstellring	2200	1800	35,70
Z 60 DIN 642 (Außendurchm = 120 mm)	zweireihig, leicht, ohne Einstellring	1400	1150	33,60

Für die Lagerstelle A genügt also vollkommen Z 60 DIN 632. Will man gleichen Außendurchmesser, also gleiche Gehäuse und Hängeböcke, dann kommt für Lagerstelle B das Lager Z 60 DIN 642 in Betracht, das aber 8 mm breiter ist. Das ebenfalls passende Lager DIN 633 (mittelschwer) ist teurer und hat wesentlich größeren Außendurchmesser.

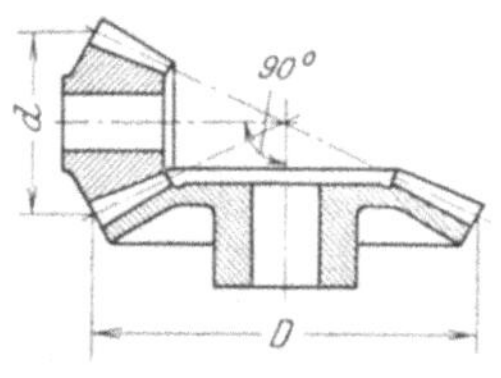

Fig. 119.

Erfolgt die Kraftübertragung durch Zahnräder, dann setzt man, wenn geschnittene Zähne vorliegen, den dreifachen Zahndruck R ein; jedoch mit Ausnahme bei Kraftwagen, da hier schwierigere Verhältnisse herrschen. Bei unbearbeiteten Zähnen ist mit dem fünffachen Zahndruck zu rechnen.

Bei Kraftübertragung durch Kegelräder entsteht ein Axialschub, der in der Regel durch besondere Längslager aufgenommen werden muß.

---

[1]) Schuchardt & Schütte: Technisches Hilfsbuch, 5. Aufl., S. 278.
[2]) Herbst 1926.

Bezeichnet man (Fig. 119) die Teilkreisdurchmesser mit D und d und den Zahnflankenwinkel mit α, ferner die Reibungszahl mit μ, dann errechnet sich der axiale Schub Q bei einem Achsenwinkel $= 90^0$ aus der Gleichung:

$$Q = \frac{(\operatorname{tg}\alpha + \mu) \cdot R \cdot d}{\sqrt{D^2 + d^2}} \cdot$$

Setzt man $\mu = 0{,}1$, dann wird für $\alpha = 15^0 \ldots \operatorname{tg}\alpha + \mu = 0{,}37$
und für $\alpha = 20^0 \ldots \operatorname{tg}\alpha + \mu = 0{,}46$.

Sollen beispielsweise $N = 12$ PS übertragen werden und macht das kleinere Rad 200 Umläufe, dann errechnet sich der dreifache Zahndruck R, wenn ein Übersetzungsverhältnis $1 : 2$ vorliegt und die Teilkreisdurchmesser $d = 150$, $D = 300$ mm betragen, wie folgt:

$$3R = 3 \cdot \frac{1500}{d} \cdot \frac{N}{n} = \frac{4500}{0{,}15} \cdot \frac{12}{200} = 1800 \text{ kg}.$$

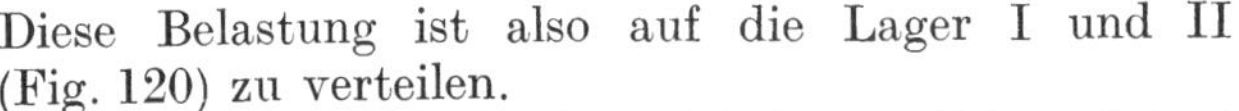
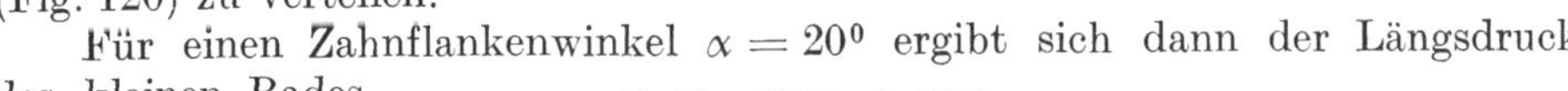

Fig. 120.

Diese Belastung ist also auf die Lager I und II (Fig. 120) zu verteilen.

Für einen Zahnflankenwinkel $\alpha = 20^0$ ergibt sich dann der Längsdruck des kleinen Rades

$$Q_1 = \frac{(0{,}46 \cdot 1800 \cdot 0{,}150)}{\sqrt{0{,}300^2 + 0{,}150^2}} = 375 \text{ kg}.$$

XIII. Richtiger und fehlerhafter Einbau.

Nach Untersuchungen führender Wälzlagerhersteller werden rund 70% aller frühzeitig zerstörter Lager durch falschen Einbau und unrichtige Behandlung während des Einbaues verdorben. Hierin sind die Fälle, in denen ein Wälzlager durch Eindringen von Fremdkörpern, also infolge unzweckmäßiger oder ungenügender Abdichtung zugrunde geht, nicht einbezogen.

Der Einbau der Wälzlager ist aber nicht schwieriger als der der Gleitlager, er hat nur nach anderen Grundsätzen zu erfolgen. Die Hersteller weisen in ihren Katalogen und auf Sonderdrucksachen genügend auf das Wesen des Wälzlagers und die sich ergebenden Richtlinien für den Einbau hin; leider verbleiben diese Anleitungen vielfach beim Einkäufer, günstigenfalls im Konstruktions- oder Betriebsbüro, während die mit dem Einbau betrauten Meister und Monteure sich selbst helfen und ihre Erfahrungen auf Kosten des Unternehmens sammeln müssen.

Aber auch der Konstrukteur läßt häufig die Grundregeln für die konstruktive Ausbildung der Anschlußteile unbeachtet; es erscheint daher zweckmäßig, an dieser Stelle zusammenfassend den richtigen und fehlerhaften Einbau zu kennzeichnen.

Erste Voraussetzung ist, daß die Lagerart und Lagergröße richtig gewählt wird:

Querlager. Wenn die Welle durch Querlager axial geführt wird, dann darf nur ein einziges Lager mit seinem Außenring seitlich eingespannt werden, zweckmäßig ein solches, das radial wenig belastet ist; gegebenenfalls wählt man ein Lager der nächst stärkeren Reihe.

In Fig. 121 ist der richtige Einbau schematisch dargestellt. Das linksseitige „Festlager" erhält an seinem Außenring seitlich ein Spiel von etwa 0,2 mm, damit beim Anziehen des Gehäuses keine Verspannung eintritt und die Teilfuge gut gegen Eindringen von Schmutz u. dgl. schließt. Die anderen auf der gleichen Welle sitzenden Lager können entweder wie das mittlere Lager in Gehäusen mit glatter Bohrung oder auch wie das Festlager, aber mit reichlichem, seitlichem Spiel eingebaut werden (wie Lager rechts).

Erfolgt die Befestigung durch Muttern, dann müssen sie sich entgegengesetzt der Drehrichtung der Welle anziehen lassen. Sie werden zweckmäßig durch einen Drahtring nach Fig. 122 gesichert, der die Welle nur unwesentlich schwächt und leicht wieder abzunehmen ist. Die Mutter erhält eine Eindrehung an ihrem Umfang, damit der Drahtring nicht seitlich rutscht.

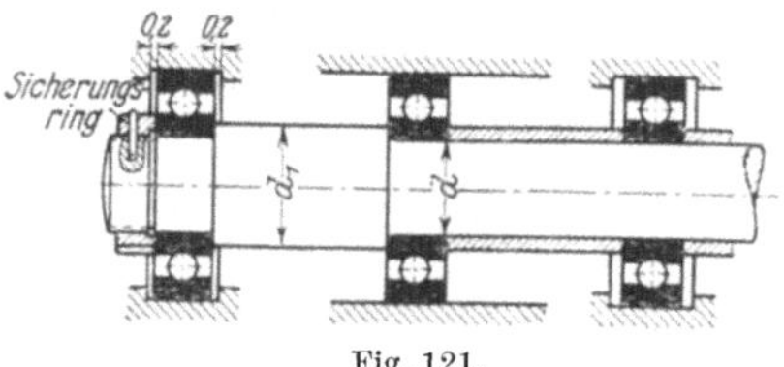
Fig. 121.

Im Abschnitt „Passungen" ist bereits darauf hingewiesen, daß die Außenringe der geschlossenen Wälzlager im Gehäuse einen Bewegungssitz erhalten, damit sie Längenänderungen der Welle infolge Temperaturschwankungen usw. folgen können; dies hat zur Folge, daß sich der Außenring langsam im Gehäuse dreht. Der Vorgang ist keineswegs ungünstig, denn er bringt nach und nach alle Punkte der Außenringlaufbahn in die belastete Zone und erhöht somit die Lebensdauer, da einer vorzeitigen Werkstoffermüdung vorgebeugt wird.

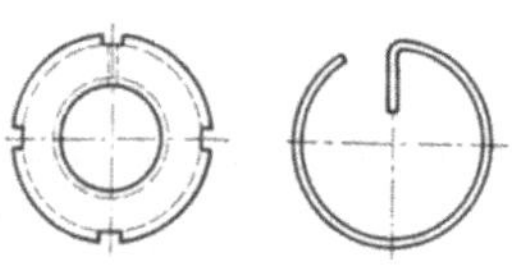
Fig. 122. Mutter mit Sicherungsring.

Da bei offenen oder halbgeschlossenen Lagern der Außenring aber auch stramm im Gehäuse sitzen muß, kann hier die Last nicht allmählich über die ganze Laufbahn übertragen werden, und es muß daher bei der Lagerwahl auf diesen Punkt entsprechend Rücksicht genommen werden. Fig. 123 zeigt den Einbau der halbgeschlossenen Schulterlager. Das Entfernungsrohr b darf auf keinen Fall länger als das Rohr a sein, da sonst unweigerlich die Lager bereits beim Einbau verklemmt werden. Ist a länger als b, erhält man ein axiales Spiel, das zwar manchmal, z. B. bei kleinen Elektromotoren, gewünscht wird, das aber die Lebensdauer ungünstig beeinflußt.

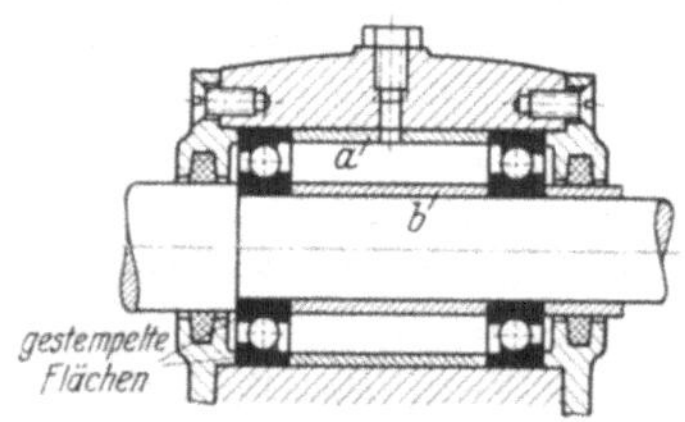
Fig. 123. Einbau von Schulter-Kugellagern.

Bei Schulterlagern ist das seitliche Ankerspiel in geringen Grenzen ohne weiteres durch Verkürzung des Rohres b erreichbar, da die Laufbahnen der Außenringe zylindrisch geschliffen sind. Damit die Welle in ihrer Längsrichtung nach beiden Seiten fest liegt, müssen die offenen Seiten einander zugekehrt oder abgekehrt sein; zweckmäßig ordnet man die Schultern nach außen an, da die Lager dann besser gegen Fremdkörper gesichert sind. Der Werkstatt gibt man dann die Anweisung, die gestempelten Flächen der Ringe nach außen zu legen.

Wenn offene und geschlossene Lager verwendet werden, dann ist auf die unterschiedliche Ausbildung der Gehäuse zu achten.

In Fig. 124 ist eine falsche Gehäusekonstruktion für geschlossene Lager gezeigt. Die Ausführung mit dem etwas zu langen Rohrstück a würde sich beispielsweise für Schulterlager mit nach innen gekehrten Schultern gut eignen; bei Verwendung von normalen Lagern tritt jedoch sofort eine Verklemmung ein. Fig. 125 zeigt, daß das gleiche Gehäuse durch entsprechende Bearbeitung auch für geschlossene Lager gut verwendbar ist. Beim Übergang von einer

Lagerart zu einer anderen müssen also auch jedesmal die konstruktiven Ausbildungen der Anschlußteile nachgeprüft werden.

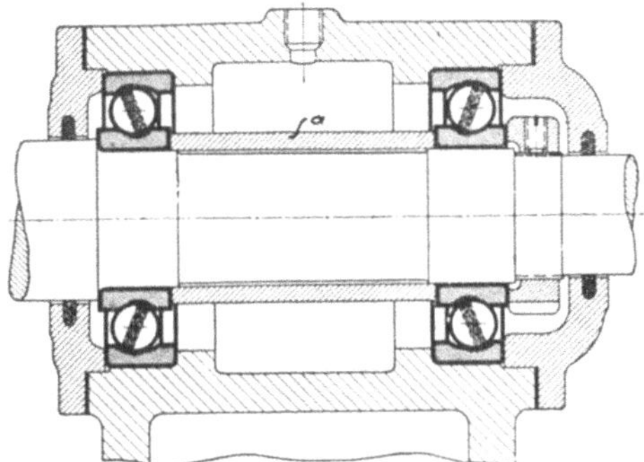

Fig. 124. Falsch.

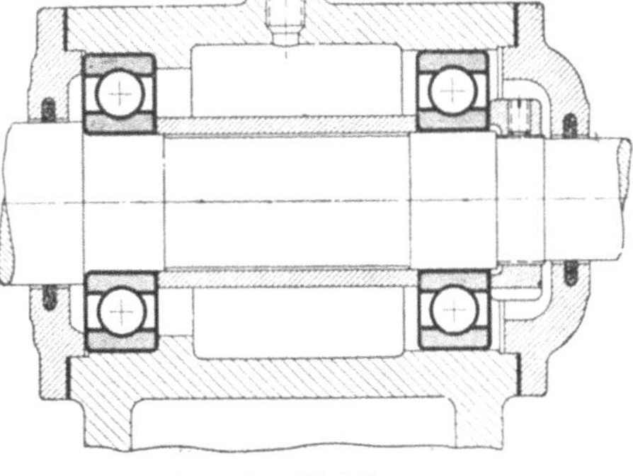

Fig. 125. Richtig.

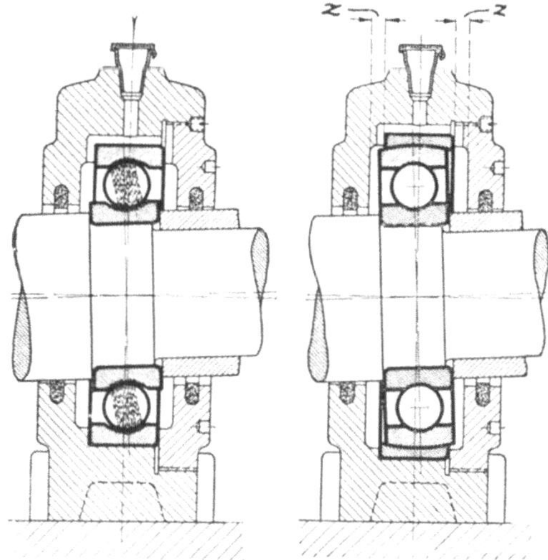

Fig. 126. Falsch. Fig. 127. Richtig.

Sehr häufig verklemmen sich die Lager erst nachträglich durch Verziehen oder Schwinden der Fundamente. Dies tritt besonders häufig bei landwirtschaftlichen Maschinen auf, bei denen die Lagergehäuse auf Holz geschraubt werden. Fig. 126 zeigt die Folgen bei der nun schiefstehenden Welle und Fig. 127 läßt

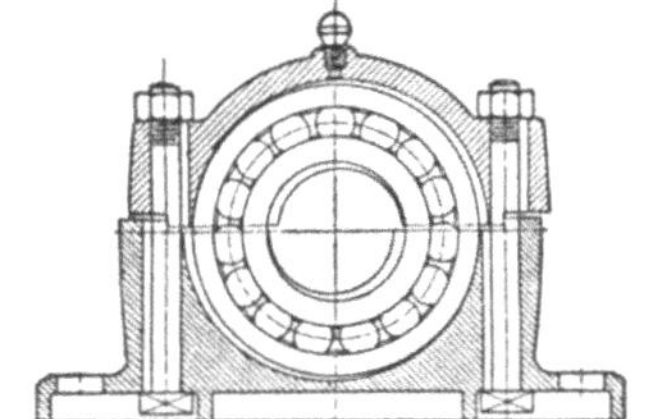

Fig. 128. Versetzter Deckel.

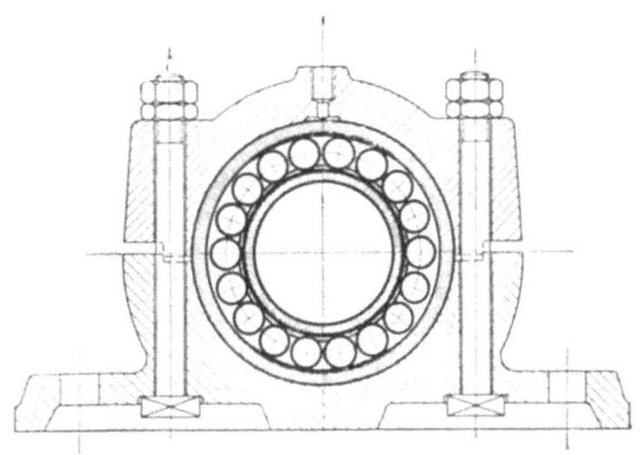

Fig. 129. Gehäuse mit klaffender Teilfuge.

erkennen, daß man dieser Gefahr von vornherein durch den Einbau eines Lagers mit Einstellring vorbeugen kann.

Anders steht es mit der radialen Verklemmung, die häufig zu finden ist. Sie kann nicht auftreten bei ungeteilten Gehäusen wie in Fig. 124 und 127. Werden dagegen Gehäuse nach Fig. 128 mit wagerechter Teilfuge verwendet, dann ist streng darauf zu achten, daß die Deckel und Unterteile nicht untereinander vertauscht werden, sondern beim Einbau so zusammengeschraubt werden wie beim Ausdrehen. Wird dieser Grundsatz nicht befolgt, dann ist stets mit dem in Fig. 128 gezeigten Sitz zu rechnen, der das Lager bald zerstört.

Fig. 129 zeigt ein Gehäuse mit klaffender Trennfuge, wie es vielfach bei Gleitlagern üblich ist. Beim Ausdrehen erhalten die Fugen Zwischenlagen, damit später die Lagerbüchse festgespannt wird. Für ein Wälzlager ist diese Ausführung verderblich, denn der Außenring wird oval gedrückt und man erkennt diesen Fehler stets daran, daß die Laufbahnen des Außenringes an zwei genau gegenüberliegenden Stellen beschädigt sind. Fig. 130 zeigt den Außenring eines Lagers, das auf diese Weise zerstört wurde. Außerdem wird bei so bearbeiteten Gehäusen immer das Schmiermittel heraustropfen.

Fig. 131 zeigt die richtige Ausführung eines quer geteilten Gehäuses, bei dem man die Gewähr hat, daß der Außenring nach dem Zusammenschrauben verschiebbar ist.

Der Konstrukteur hat ferner darauf zu achten, daß jedes Wälzlager einen genügend großen Ölraum erhält. Bei Zahnrad- und Schneckenradlagerungen darf jedoch das Wälzlager nicht mit dem gleichen Öl geschmiert werden, das auch die Zahnräder erhalten: denn durch das gegenseitige Abschleifen der Zahnräder ist das Öl vollständig mit schmirgelnden Metallteilchen durchsetzt, die auch das Wälzlager ausschmirgeln würden. (Richtige Ausführung s. Einbaubeispiel Fig. 165.)

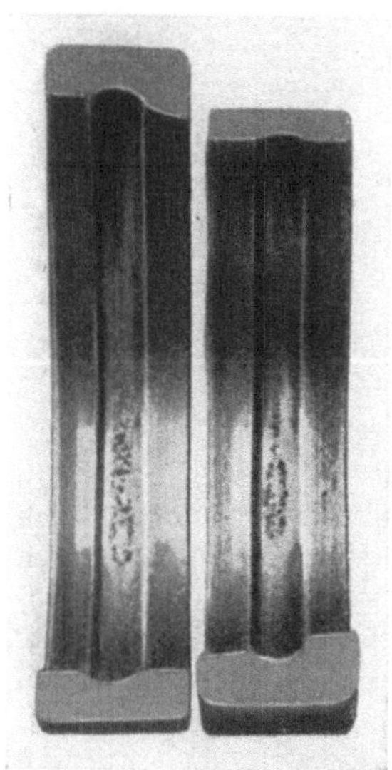

Fig. 130. Radial verklemmtes Lager.

Der Innenring soll stramm auf der Welle sitzen: dies darf aber keineswegs durch Hammerschläge auf den Innen- oder gar auf dem Außenring erreicht werden. Man benutzt entweder eine Dornpresse oder schlägt auf ein passendes Rohrstück (Fig. 132), dessen Bohrung etwas größer als die Innenringbohrung ist und bei dem die Wandstärke a ungefähr $b/2$ ist. Wenn. wie in der Fig. 123. der Innenring des mittleren Lagers ein größeres Stück über die Welle geschoben werden muß, dann empfiehlt sich eine Erwärmung des Lagers in Öl auf etwa 60° bis zu 70° (nicht

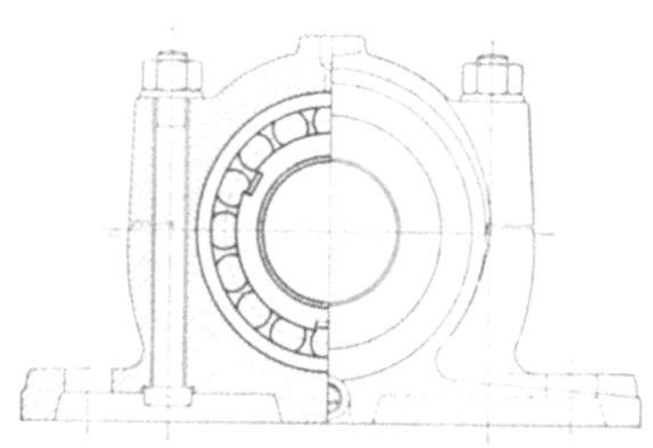

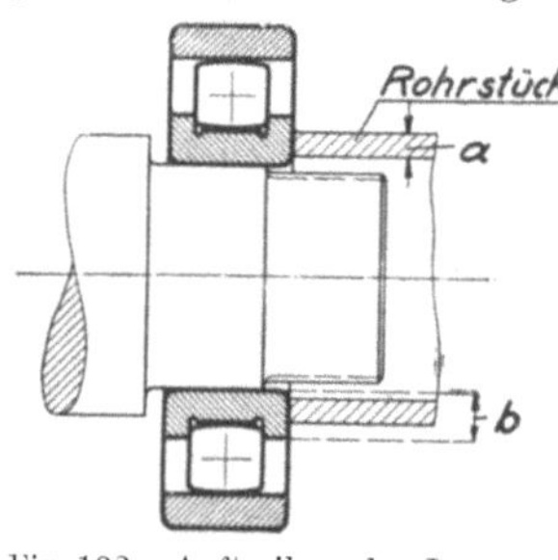

Fig. 131. Richtige Ausführung eines quer geteilten Lagers.

Fig. 132. Auftreiben des Innenringes.

höher!): es wird sich dann leicht über die Welle streifen lassen und nach dem Erkalten den gewünschten festen Sitz annehmen.

Falsch ist es, den Innenring durch Keile oder Federn zu befestigen; die gehärteten Ringe vertragen keinerlei nachträgliche Veränderungen (Einschleifen von Nuten usw.).

Die Welle selbst muß genau rund sein; denn jede Unrundheit überträgt sich auf den Innenring und pflanzt sich häufig bis in die Laufbahn fort. Wenn die Paßstelle auf der Drehbank mit der Feile bearbeitet wird. dann ist das ein Zeichen mangelnden Verständnisses für das Wälzlager.

Da Gewinde nicht genügend zentriert, wird der Zwischenring a in Fig. 133 stets schlagen und somit auch das auf dem Teil a montierte Kugellager. Besser ist eine Anordnung nach Fig. 134, die z. B. stets zu empfehlen ist, wenn Kugellager in Leerscheiben usw. eingebaut werden sollen, da die gezogenen Transmissions- und Vorgelegewellen nie genau rund sind und man diesen Mangel durch Zwischenschaltung einer Buchse genügend aufheben kann. Häufig wird versucht, den gewünschten strammen Sitz dadurch zu erreichen, daß man ein Spannhülsenlager unter Fortlassung der Spannhülse auf einen Kegel der Welle festzieht (Fig. 135). In fast allen Fällen ist eine baldige Zerstörung des Lagers die Folge,

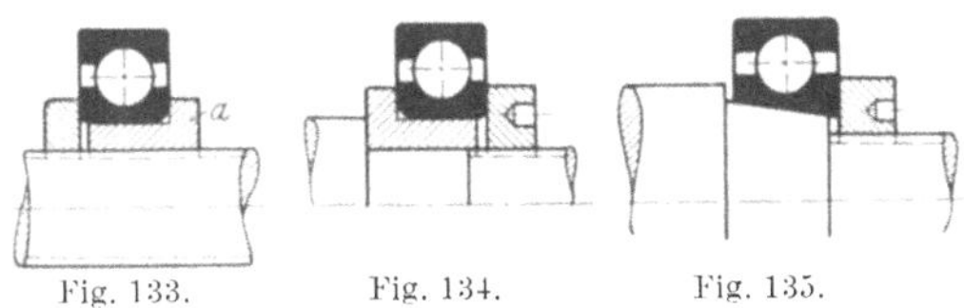

Fig. 133.   Fig. 134.   Fig. 135.

da der Innenring der starken Aufdornung nicht gewachsen ist und platzt oder doch mindestens so stark aufgeweitet wird, daß die Kugeln klemmen.

Die Abrundungen der Ringe sind nicht geschliffen und die in den Katalogen angegebenen Werte für die Radien sind daher kleinen Abweichungen unterworfen; deshalb ist der Abrundungshalbmesser an der Welle stets kleiner (ungefähr das 0,6fache der in den Katalogen angegebenen Abrundung der Kanten) zu wählen, damit der Innenring nicht auf der Abrundungskante aufsitzt und sich verzieht. Die Seitenflächen des Innenringes müssen stets eine genügend große Anlagefläche an der Wellenschulter erhalten; zweckmäßig wählt man $d_1 = 1,1\,d + 4$ mm (Fig. 88). Der Außendurchmesser des Innenringes muß aber etwas größer als d_1 sein, da sonst leicht die Wellenschulter an dem Käfig anstreift, und man außerdem den Innenring nur mit Schwierigkeiten wieder von der Welle abziehen

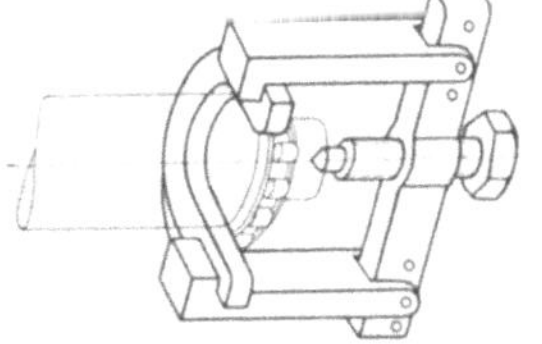

Fig. 136. Abziehwerkzeug für Innenringe.

kann. Kommt das Abziehen der Innenringe von „offenen" Lagern häufig vor, dann bedient man sich mit Vorteil eines Abziehwerkzeuges nach Fig. 136, dessen Wirkungsweise aus der Darstellung ohne weiteres hervorgeht.

Wenn die Welle nicht kleiner ausgeführt werden kann, dann sollen die Ansätze Ausfräsungen erhalten, um geeignete Abziehvorrichtungen ansetzen zu können, oder es werden besondere Ringe mit entsprechenden Nuten zwischen Bund und Lagerring vorgesehen (Fig. 137). Die genuteten Teile dürfen aber nicht in den Filzringen laufen, da die Dichtungen sonst leicht beschädigt werden.

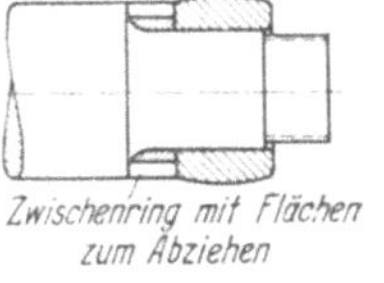

Fig. 137.

Längslager. Gleiche Sorgfalt erfordert der Einbau der Längslager. Vielfach wird zur Aufnahme der radialen Drucke ein Gleitlager gewählt und nur für die axialen Drucke ein Wälzlager (Längslager). Da das Gleitlager, namentlich mit Weißmetall, wesentlich schneller verschleißt, verschieben sich allmählich die Achsen, so daß die in Fig. 138 dargestellten Verhältnisse eintreten. Die Druckscheiben werden verklemmt und die Laufbahnen in der aus Fig. 139 ersichtlichen Form beschädigt. Bei richtig konstruierten, besonders nachstellbaren Gleitlagern, die sorgfältig behandelt werden (Werkzeugmaschinen) liegen die Verhältnisse günstiger.

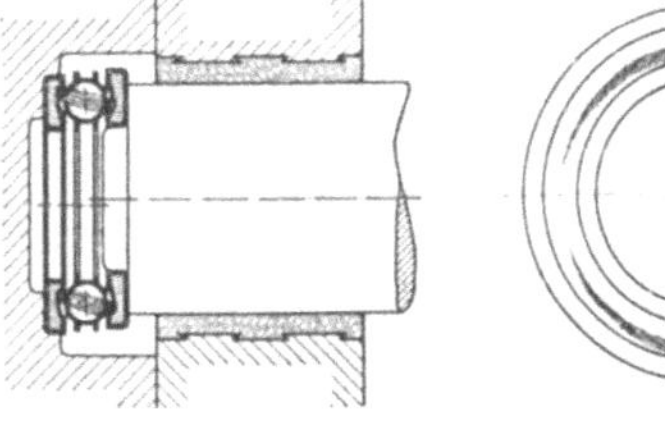

Fig. 138. Wellenmitte zur Gehäusemitte verschoben.   Fig. 139.

Die Richtung der radialen Kräfte führt häufig zu einer einseitigen Abnutzung der Gleitlager, die eine schiefe Stellung der Wellenachse zur Folge hat. Die Kugeln des Längslagers tragen dann, da sie sich auf einer Seite von den Laufbahnen abheben, nur teilweise und werden überlastet (Fig. 140). In solchen Fällen ist ein Längslager mit balliger Druckscheibe zu wählen und wie in Fig. 141 einzubauen.

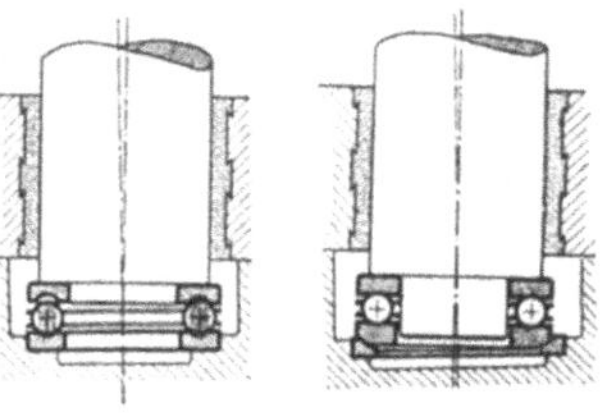
Fig. 140.
Gekantetes Längslager.

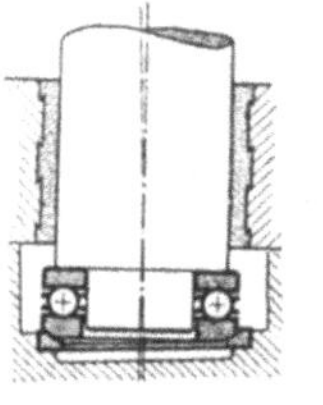
Fig. 141.
Richtiger Einbau.

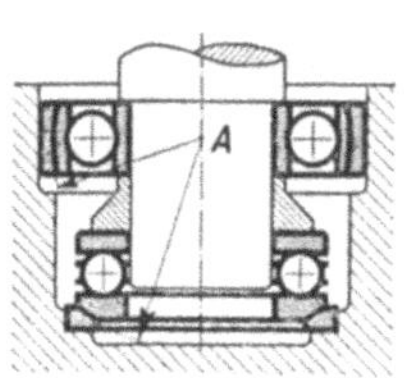
Fig. 142. Einstellbare Quer- und Längslager mit gemeinsamem Schwingungspunkt.

Zuverlässiger ist jedoch stets ein Querlager an Stelle des Gleitlagers. Will man eine gewisse Einstellbarkeit der Welle erzielen (Zentrifugen), dann ist ein Einbau nach Fig. 142 zu empfehlen: Quer- und Längslager erhalten einen gemeinsamen Schwingungspunkt A.

Bei wagerecht liegenden Wellen muß darauf geachtet werden, daß der Wellenstumpf, der die „enge Scheibe" aufnimmt, bis unter den Käfig greift; andernfalls sackt der Käfig durch und nimmt die in Fig. 143

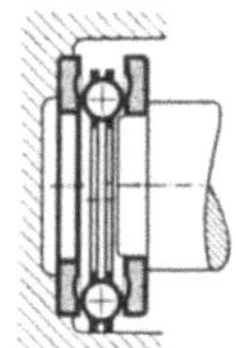
Fig. 143.
Verrutschter Käfig.

gezeigte Lage ein. Vielfach ist es dann bereits beim Einbau schwierig, den Käfig wieder anzuheben. In den meisten Fällen wird aber der Vorgang übersehen, da das Lager eingekapselt ist, und die Kugeln werden beschädigt.

Die Gefahr des Verklemmens ist beim Längslager größer als beim Querlager und erfordert besonders zuverlässige Arbeiter. In Fig. 144 ist das Wechsellager durch den zu langen Ansatz des Deckels verklemmt, trotzdem wird sich die Welle wegen der geringen Reibungszahl des Kugellagers noch drehen; diese beim Gleitlager übliche Probe gibt also keine Sicherheit.

Wenn ein Wechsellager vorgesehen ist, dann müssen alle Querlager schwimmend eingebaut werden, andernfalls werden sie, wie Fig. 144 zeigt, unweigerlich

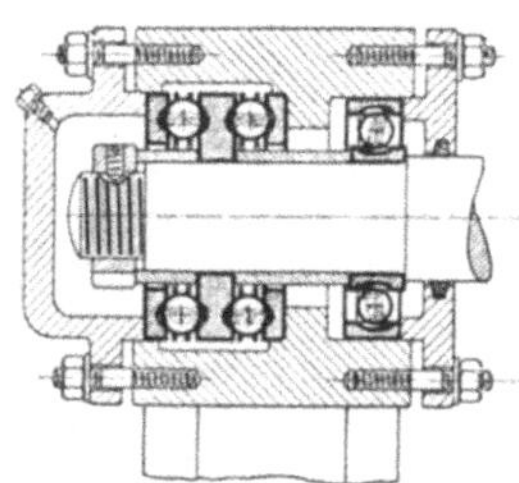
Fig. 144. Verklemmtes Wechsel- und Querlager.

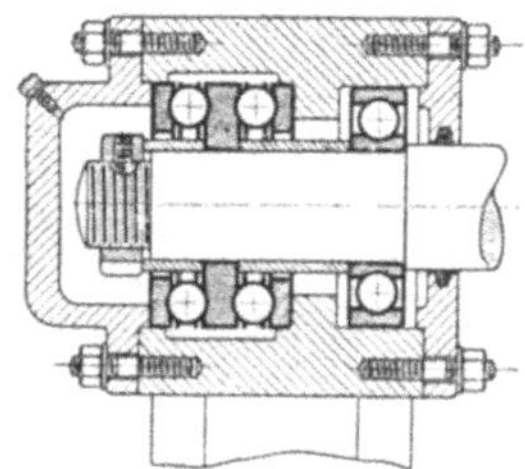
Fig. 145. Richtiger Einbau.

verklemmt. Fig. 145 zeigt den richtigen Einbau. Der Deckel an der Drucklagerseite wird so bearbeitet, daß der Flansch am Gehäuse und der Ansatz an der Scheibe des Lagers anliegt; zweckmäßig legt man dann zwischen Flansch und Gehäuse eine dünne Scheibe Preßspan zum Abdichten, trotzdem darf aber das Wechsellager kein merkliches axiales Spiel haben. Bei hohen Umlaufzahlen muß für eine genügende Belastung der Längslager gesorgt werden, da die Kugeln sonst unter der Einwirkung der Zentrifugalkraft die Laufbahnen verlassen oder in den Rillen rutschen. Der Vorgang ist an dem schuppenförmigen Aussehen der Laufrillen erkennbar. Es empfiehlt sich die Anordnung einer federnden Vorbelastung.

Allgemeine Einbauregeln.

Die mit dem Einbau betrauten Betriebsbeamten und Arbeiter haben folgende Regeln zu beachten:

Die Lager sind erst bei der Verwendung aus der Verpackung zu nehmen und dürfen vor dem Einbau nicht auf den Werkbänken oder sonstwie offen herumliegen. Sie sollen an einem trockenen, nicht zu warmen Ort aufbewahrt werden.

Keinesfalls dürfen die Lager als Kaliber beim Herstellen des Wellen- oder Gehäusemaßes benutzt werden.

Die durch solche unsachgemäße Behandlung verschmutzten Lager sind sorgsam unter beständigem Drehen mit Petroleum zu reinigen. Durch Rost oder auf andere Weise beschädigte Lager müssen dem Hersteller zur Instandsetzung eingesandt werden.

Die Gehäuse müssen gründlich von Formsand, Spänen u. dgl. gereinigt werden; zweckmäßig wird das Innere abgeblasen.

Beim Einbau ist zu beachten, daß im Gehäuse verschiebbar sitzen müssen: die Außenringe der geschlossenen Querlager und die stillstehenden weiten Scheiben der Längs- und Wechsellager.

Im Gehäuse erhalten festen Sitz: die Außenringe der offenen und halboffenen Querlager.

Auf der Welle erhalten festen Sitz: die Innenringe sämtlicher Querlager und die engen Scheiben der Längslager; bei den Wechsellagern ist die Mittelscheibe die enge Scheibe.

Muttern, besonders bei Spannhülsenlagern, sind so anzubringen, daß sie entgegengesetzt der Wellendrehrichtung angezogen werden; außerdem empfiehlt es sich, die Muttern zu sichern. Einige Zeit nach dem Einbau müssen die Muttern nachgezogen werden, was namentlich bei Spannhülsenlagern nie versäumt werden sollte.

Bei Verwendung von Lagern ohne Einstellung müssen die Achsen der Gehäusebohrungen genau in einer Ebene liegen (fluchten); vor dem Einbau der Wälzlager muß die genaue Gleichachsigkeit nachgeprüft werden.

Nach dem Einbau darf ein Probelauf nur mit gut geschmierten Lagern vorgenommen werden.

Es ist ferner unbedingt darauf zu achten, daß nur gutes, für Wälzlager geeignetes Schmiermittel verwendet wird, das stets in geschlossenen Behältern aufzubewahren ist.

Werkstätten, in denen häufig Wälzlager eingebaut werden, ist der Aushang des vom AWF[1]) herausgegebenen Betriebsblattes 16, „Behandlung der Wälzlager" sehr zu empfehlen, dem auch vorstehende Ausführungen zum Teil entnommen sind.

XIV. Einbaubeispiele.

Im vorhergehenden Abschnitt sind die Grundsätze für den richtigen Einbau von Wälzlagern gegeben. Nachfolgend sollen an einigen Beispielen aus den wichtigsten Anwendungsgebieten konstruktive Einzelheiten gezeigt werden. Soweit die Unterlagen von Firmen zur Verfügung gestellt sind, ist dies bei den Figuren vermerkt, die übrigen Darstellungen sind Konstruktionen des Verfassers. Es sei noch besonders darauf aufmerksam gemacht, daß die Wälzlagerhersteller im allgemeinen nur die Wälzlager liefern; nur die in den Katalogen aufgeführten Stehlagergehäuse, Hängeböcke usw. machen eine Ausnahme.

1. Triebwerke und Zubehör. Das für Transmissionen in der Hauptsache verwendete Wälzlager ist das Spannhülsenlager. Erst verhältnismäßig spät führte sich das Wälzlager für Transmissionen ein, denn es ist viel weniger zeitraubend und kostspielig, ein Gleitlager auszuwechseln als ein Kugellager. Muß nämlich aus irgendeinem Grunde ein Lager in der Mitte der Welle ausgebaut werden, dann müssen sämtliche übrigen Lager und auch alle Riemenscheiben usw. entfernt werden, um das Lager abzustreifen. Heute ist allerdings die Betriebssicherheit der Kugellager mindestens ebenso groß wie die der Wälzlager, doch ist größte Vorsicht in der Wahl nötig. Die für Transmissionen häufig angebotenen sog. schwedischen Pendellager müssen besonders stark bemessen sein, da ihre Zuverlässigkeit den deutschen Erzeugnissen ganz wesentlich nachsteht; denn die durch Rechnung ermittelte Tragfähigkeit beträgt nur etwa 60 % von deutschen Lagern[2])

---

[1]) AWF = Arbeitsausschuß für wirtschaftliche Fertigung beim Reichskuratorium für Wirtschaftlichkeit in Industrie und Handwerk, Berlin NW 7.

[2]) O. Föppl: Die Berechnung der im Kugellager auftretenden Größtbeanspruchung und die Prüfung von Stählen, die für den Kugellagerbau geeignet sind. Maschinenbau, Abt. Gestaltung, 1925, Heft 2, S. 49ff.

(s. auch Fig. 11a—g nebst Erläuterungen S. 10). Wenn die in den Katalogen angegebene Belastbarkeit mit denen für deutsche Lager übereinstimmt, so ist hierzu zu sagen, daß die Sicherheit wesentlich geringer ist.

Wenn die Ausrüstung einer Transmission mit Wälzlagern beabsichtigt ist, dann muß man sich darüber klar sein, daß die Deckenvorgelege in erster Linie auf Wälzlagern laufen müssen, denn diese werden viel häufiger in Gang gesetzt, und der Reibungswiderstand der Ruhe muß viel häufiger überwunden werden. Da der Einbau sich hier auch leichter durchführen läßt, beginnt man zweckmäßig mit den Vorgelegen.

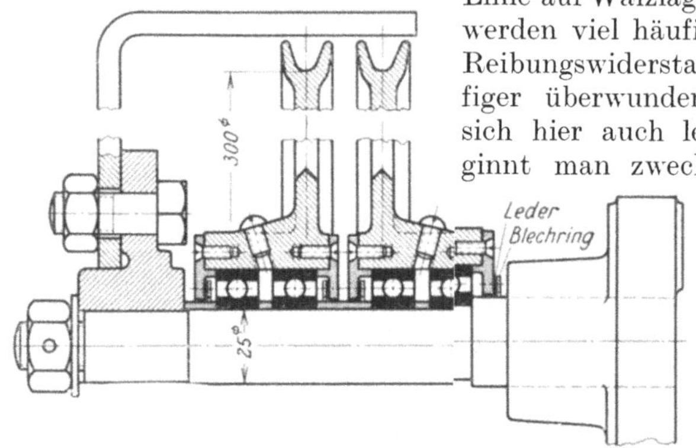

Fig. 146. Umlenkrolle (B. K. F.).

Der Umbau gestaltet sich nach der Normung einfach, denn Hängeböcke, Stehlager usw. stimmen für Gleit- und Wälzlager in ihren Hauptmaßen überein. Eine Lagerung von Umlenkrollen zeigt Fig. 146 (B. K. F.). Da hier geschliffene Wellen vorliegen, werden die Innenringe unmittelbar auf der Achse befestigt, die linksseitige Mutter zieht sämtliche Innenringe mit ihren Zwischenbuchsen gegen den Wellenbund fest. Die an den Enden liegenden Außenringe haben nach außen ein Spiel von je 0,2 mm, um eine Verklemmung zu verhüten. Als Dichtung wird Leder verwendet.

Die Transmission wird heute in den meisten Fällen durch einen Elektromotor angetrieben, und man findet häufig, daß die schnelle Drehzahl des Motors durch eine große Riemenscheibe auf der Transmissionswelle in eine langsame Wellendrehzahl umgewandelt wird. Man erhält schwere und starke Wellenstränge mit großen Riemenscheiben, da die Vorgelege in der Regel wieder schneller laufen. Meist geschieht dies mit Rücksicht auf die Gefahr des Heißlaufens der Gleitlager, und man muß das größere Drehmoment in Kauf nehmen. Für Kugellager sollte man bei Neuanlagen nicht unter 600 Uml/min gehen; für den Antrieb von Holzbearbeitungsmaschinen auf 1000. Man erhält dann schwächere Wellen und kleinere

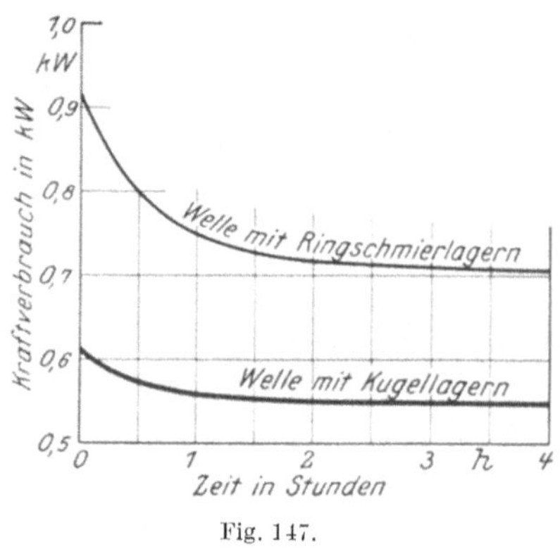

Fig. 147.

Riemenscheiben, die Anlagekosten sinken und der Mehrpreis der Kugellager wird schon hierdurch besser ausgeglichen. Im übrigen kann man rechnen, daß sich die Mehrausgabe in einiger Zeit durch die Kraftersparnis, in vielen Fällen auch durch geringe Wartung ausgleicht. Von diesem Zeitpunkt treten dann die vollen Ersparnisse in Erscheinung.

In Fig. 147 ist der Kraftverbrauch einer fünfmal abwechselnd in Gleit- und Kugellagern gelagerten Welle dargestellt, Belastung je Lager 200 kg, $n = 300$. Die Versuche wurden bei der D. W. F. durchgeführt.

Die Hängearme haben eine größere Maulweite, um die durch die Wälzlager bedingten größeren Einsätze unterzubringen. Man kann jedoch auch die vorhandenen älteren Hängearme verwenden und Sondereinsätze einbauen. Fig. 148

zeigt eine Ausführung für 2 Lager (F. & H.). Hierdurch ist ein größerer Abstand der einzelnen Hängearme zulässig. Im übrigen vergleiche man die verschiedenen Ausführungen in den Listen der Kugellagerhersteller. Bei der Montage der Transmissionslager ist zu beachten, daß nur ein Lager in seinem Gehäuse seitlich fixiert wird, und zwar möglichst in der Mitte des Wellenstranges.

Fig. 149 zeigt die Lagerung einer Losscheibe, besonders für Deckenvorgelege (Ludw. Loewe & Co). Auf einer fest

Fig. 148. Einsätze für ältere Hängearme.

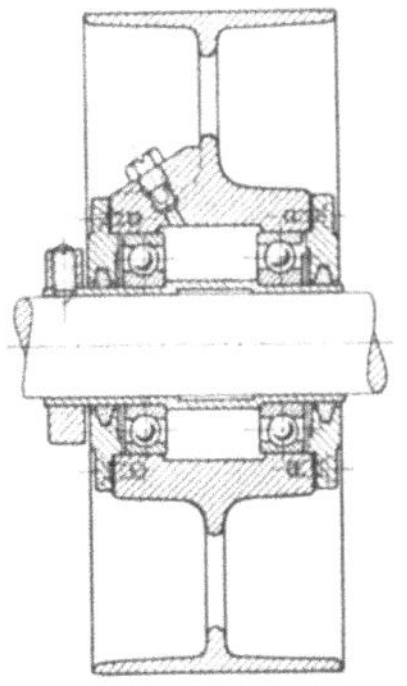

Fig. 149. Losscheibe für Deckenvorgelege.

auf der Welle sitzenden und durch einen Stellring gegen Verschiebung gesicherten Buchse sitzen die Innenringe der Kugellager. Bedingung bei dieser Ausführung mit dünner Buchse sind genaue runde Wellen, andernfalls sind größere Wandstärken und damit größere Lager nicht zu umgehen. Die Innenringe schultern nur an einer Seite gegen die Bunde der Buchse, was bei den hier auftretenden kleinen axialen Drucken unbedenklich ist.

Beachtlich ist der große Fettraum (der bei sehr breiten Scheiben leicht durch einen eingelegten Holzring verkleinert werden kann). Das Ausfließen des Schmiermittels wird an der Welle durch Filzringe und zwischen Gehäuse und Deckel durch Papierringe verhindert.

2. Holzbearbeitungsmaschinen. Die Maschinen für die Bearbeitung des Holzes vom rohen Stamm bis zum feinsten Fournier haben heute fast ausschließlich Wälzlager.

Eine der schwierigsten Lagerprobleme ist die Lagerung der Stelzenköpfe in Senkrechtvollgattern; namentlich das Lager an der Vorschubseite ist sehr stark belastet. Da Gleitlager in diesem angestrengten Betriebe sich leicht heißlaufen und zudem stark verschleißen, ist man fast durchweg zu Wälzlagern übergegangen. Da die Stelzen, die vielfach aus Holz sind, sich seitlich ausbiegen, kommen zweckmäßig einstellbare Systeme in Betracht. Zu beachten ist ferner, daß häufig nur eine Stelze an der Kraftübertragung teilnimmt, namentlich dann, wenn infolge von Bruch ein neuer Stelzenkopf angesetzt wird und nun die

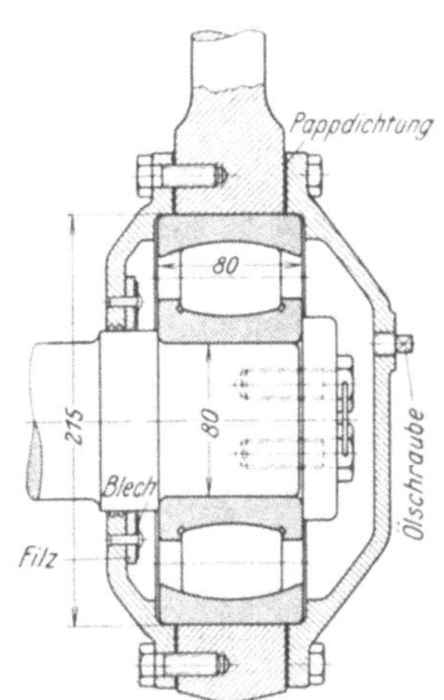

Fig. 150. Stelzenkopf eines Vollgatters (Gebr. Linck).

Stangen ungleich lang werden, was bei den schlecht geschulten Arbeitern in ländlichen Sägewerken häufig vorkommt. Fig. 150 zeigt eine Ausführung der Maschinenfabrik Gebr. Linck, Oberkirch in Baden, mit ungeteiltem Gehäuse und der schweren breiten Reihe der Fischertonnenlager. Zweckmäßig rüstet man nur die Kurbelzapfen mit Wälzlagern aus, das obere Lager dagegen nicht, man erhält dann weichere Stöße.

In Fig. 151 (F. & H.) ist eine Dicktenhobelmaschine dargestellt, die auch die Anbringung einer Kreissäge gestattet. Um eine gute Führung der Messerwelle zu erzielen, sind in jedem Gehäuse 2 Lager der leichten Reihe paarweise angeordnet. Die an der Antriebseite sitzenden Lager übernehmen die Führung in

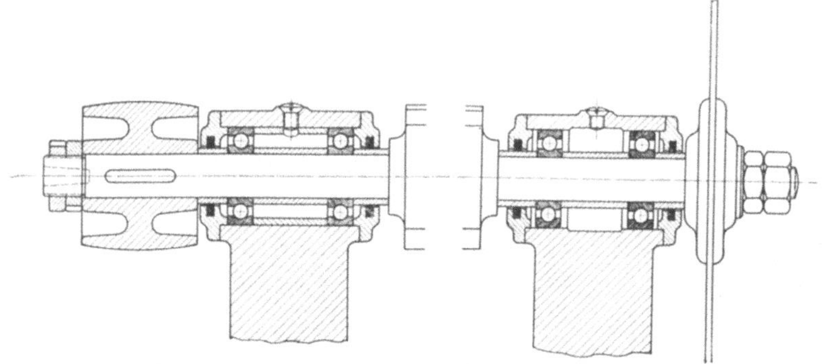

Fig. 151. Dicktenhobelmaschine mit Kreissäge (F. & H.).

der Längsrichtung; die Entfernungsbüchsen müssen genau gleiche Länge haben, damit eine Verklemmung vermieden wird. Bemerkenswert sind die durchgehenden ungeteilten Gehäusebohrungen, die eine leichte und genaue Bearbeitung ermöglichen. Auch die Wellenzapfen haben möglichst wenig Ansätze; die Riemenscheibe schultert gegen einen Entfernungsring von entsprechender Länge.

Bei senkrechten Frässpindeln werden Längslager, die zur Aufnahme des Gewichtes dienen, wegen der hohen Drehzahl häufig ungünstig beansprucht. Fig. 152 zeigt eine Ausführung der D.K.F. mit einem Vierpunktlager am Spindelfuß neben einem normalen Querlager. Damit das Vierpunktlager nicht radial beansprucht wird, ist die Gehäusebohrung größer gehalten, und es wirken daher nur die Längsdrücke auf das Vierpunktlager ein. Die Radialdrücke werden von Querlagern aufgenommen, und zwar am Spindelhals von einem doppelreihigen Lager. Die Welle ist oberhalb der Riemenscheibe nicht abgesetzt, sondern mit einer Nute versehen, in die ein geteilter Ring greift, gegen den sich der Stützring für das Lager legt.

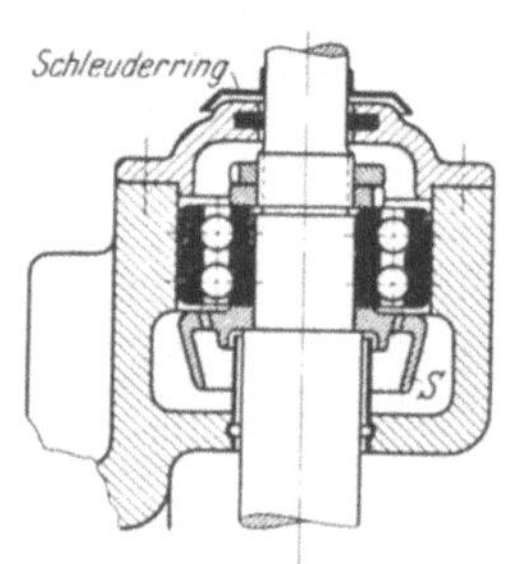

Fig. 152. Senkrechte Frässpindel (D. K. F.).

Fig. 153. Senkrechte Frässpindel (F. & H.).

Eine besonders sorgfältige Durchbildung des oberen Halslagers an einer senkrechten Frässpindel zeigt Fig. 153 (F. & H.). Verwendet wird ein doppelreihiges

Lager der mittelschweren Reihe. Der Deckel ist mit einem Filzring versehen und zur besseren Abdichtung kann noch eine als Schleuderring angeordnete Blechkappe angeordnet werden.

Im Unterteil des Gehäuses wird ein Ölstandrohr eingebördelt (s. auch Fig. 109 und 108). Das Schmiermittel steigt an dem Schleuderring S in die Höhe und wird in das Wälzlager gespritzt. Wenn der Ölraum genügend gefüllt wird, ist eine Nachfüllung nur bei gelegentlicher Überholung der Maschine nötig; die Anbringung von besonderen Ölern, die verstauben und keine Gewähr für sauberes Öl bieten, ist also überflüssig.

Fig. 154 zeigt die Ausbildung eines Gehäuses, das wahl-

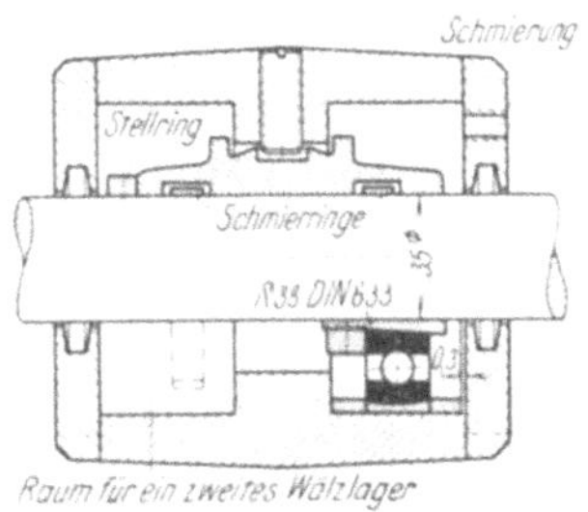

Fig. 154.

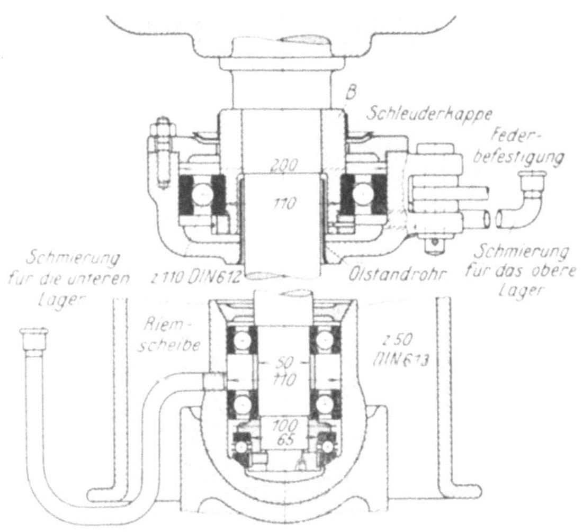

Fig. 155. Stehende Zentrifuge (B. K. F.).

weise für Gleit- und Kugellager verwendet werden kann; je nach der Lagerart müssen bestimmte Flächen im Gehäuseinnern bearbeitet werden. Zugrunde gelegt ist die für Holzbearbeitungsmaschinen übliche Einheitswelle; die Konstruktion ist für eine schwere Bandsäge gedacht. Die obere Hälfte zeigt die Anordnung für Gleitlager und der untere Teil den Wälzlagereinbau. Beide Ausführungen sind einstellbar.

3. Zentrifugen, Ventilatoren. Die Lagerung einer stehenden Zentrifuge mit 825 Uml/min für eine Nutzlast von 200 kg und einer gesamten Stützlagerbelastung von 440 kg zeigt Fig. 155 (B. K. F.). Als Halslager ist ein Kugellager der leichten Reihe gewählt, dessen Innenring auf einer Buchse B sitzt, die warm aufgezogen und dann außen bearbeitet wird. Ölstandrohr und Schmierung sind ähnlich wie in Fig. 153 ausgebildet. Die Zentrifuge ist selbsteinstellend mit Federausgleich und kann sich mit der kugelig ausgebildeten Spurlagerung einstellen. Um den seitlichen Zug möglichst zu verringern, liegt die Riemenscheibe tief und greift über die untere Lagerung, die durch 2 Lager der mittelschweren Reihe für den Radial-

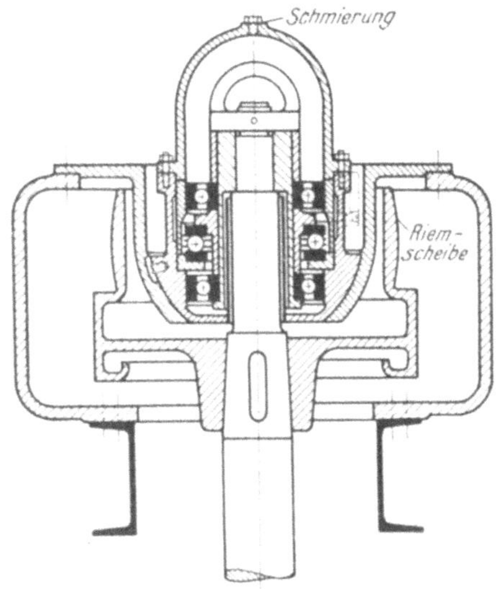

Fig. 156. Hängende Zentrifuge (D. W. F.).

druck und ein Längslager gebildet wird. Geschmiert werden kann auch bei laufender Zentrifuge.

Für hängende Zentrifugen gestaltet sich die Lagerung einfacher. Fig. 156 zeigt eine Ausführung der D. W. F. Die Riemenscheibe kann so hoch gelegt werden, daß ein nennenswerter seitlicher Zug nicht auftritt. Geschmiert wird durch den oberen Bügel. Im übrigen ist die Lageranordnung aus der Darstellung zu erkennen. Der Einbau ist ohne Verwendung von Filzringen usw. unbedingt staubsicher.

Die Fig. 157 und 158 zeigen die Lagerung eines Schraubenradventilators mit senkrechter Wellenanordnung für eine Diesellokomotive, geliefert von der Firma Danneberg & Quandt, Berlin. Abmessungen: Lichter Durchmesser 2265 mm, Leistung 2000 m³/min, 22 mm W. S. bei 400 minutlichen Umläufen und 32 PS Kraftbedarf. Das Ventilatorgehäuse sitzt unmittelbar auf der Saughaube. Für die Radialdrücke sind Kugellager der leichten Reihe gewählt worden.

Eine Exhaustorenlagerung mit Wasserkühlung für die Förderung von Heißluft zeigt Fig. 159 (F. A. G.).

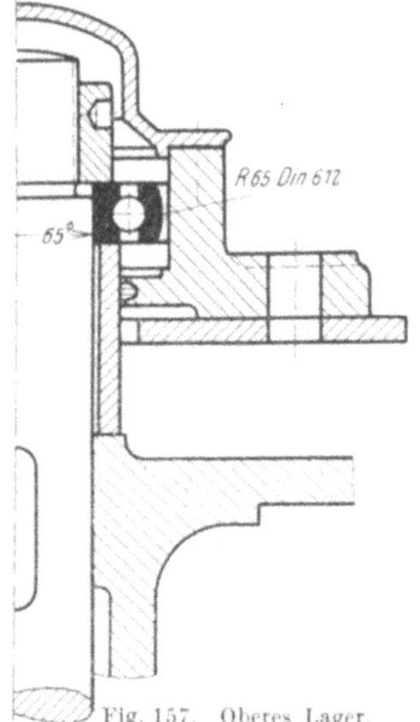

Fig. 157. Oberes Lager.

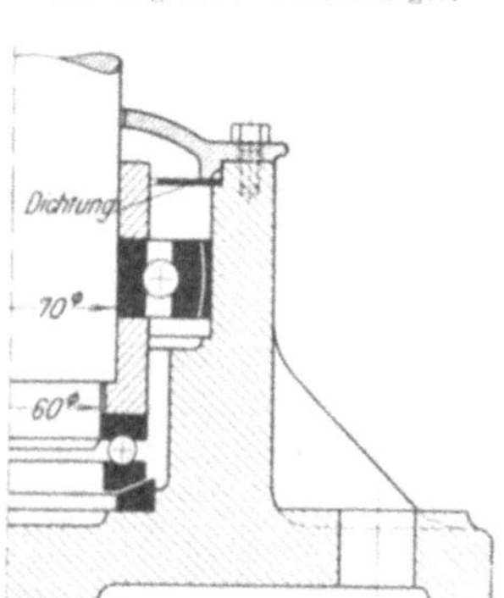

Fig. 158. Unteres Lager zum Schraubenrad-Ventilator (Daqua).

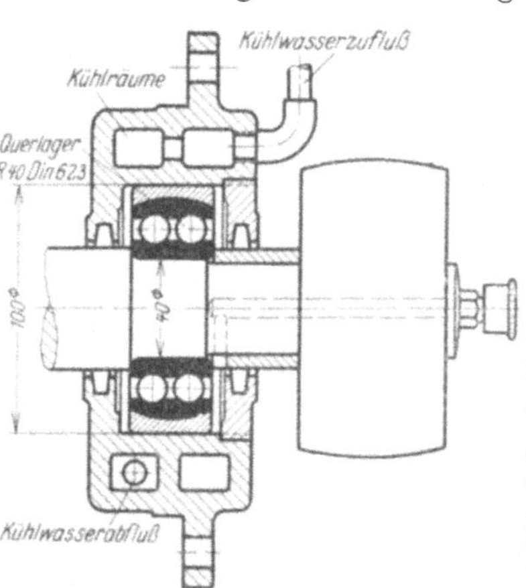

Fig. 159. Exhaustorlagerung mit Wasserkühlung (Fischer).

Das linksseitige Lager ist als Festlager eingebaut, das Loslager sitzt an der radial stärker beanspruchten Antriebseite. Von der Anordnung eines Längslagers ist abgesehen, da das Festlager die geringen Längsdrücke mit aufnehmen kann. Da Kugellager nur bei einer Temperatur von nicht mehr als 100° einwandfrei arbeiten, mußten Kanäle für die Wasserkühlung in den Gehäusen vorgesehen werden. Die Anordnung ist aus der Zeichnung erkennbar. Der Kraftverbrauch der Anlage beträgt etwa 3 PS.

Die Lagerung an der Saugseite eines einseitig saugenden Hochdruckexhaustors der Firma Danneberg & Quandt zeigt Fig. 160. Die Drehzahl beträgt 2000 je min, der Kraftbedarf 15 PS. Der Axialschub von etwa 20 kg wird durch ein besonderes Drucklager aufgenommen. Auf der gegenüberliegenden Kupplungsseite ist ein Spannhülsenlager R 30 DIN 632 angeordnet.

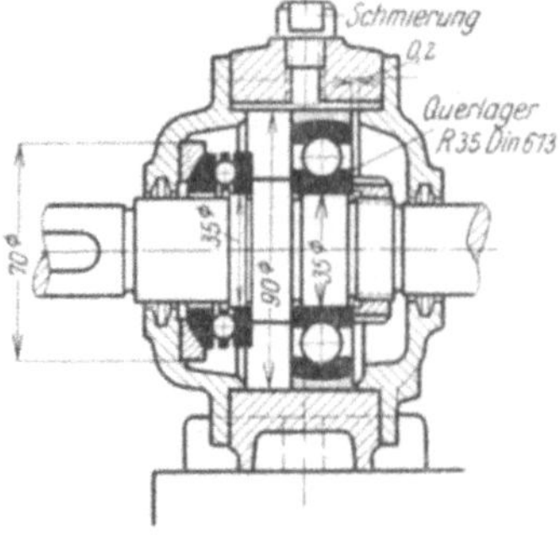

Fig. 160. Hochdruck-Exhaustor.

Die in dies Gebiet gehörigen Windturbinen werden, falls erstklassiges Fabrikat vorliegt, das der Forderung genügt, bereits bei einer Windstärke von 2,5 m/sk zuverlässig zu arbeiten, in allen drehbaren Teilen mit Wälzlagern ausgerüstet.

4. Turbinen. Die Lagerung einer M. A. N.-Turbine mit D. K. F.-Kugellagern, $n = 6500$ je min zeigt Fig. 161. Der radiale Druck je Lagerstelle beträgt 200 kg; er wird durch doppelreihige Kugellager der mittelschweren Reihe aufgenommen, hiervon ist das linksseitige einstellbar. Das Gehäuse wird außen abgeschlossen durch einen Blechdeckel und eine Schleuderscheibe; an der inneren Gehäusewand dichtet ebenfalls eine Scheibe labyrinthartig ab.

Beim rechtsseitigen Lager hat das Gehäuse Seller-Lagerung. Der Axialschub wird durch ein Vierpunktlager aufgenommen, dessen Mantelfläche etwas kleiner als die Gehäusebohrung ist, um es vom Radialdruck zu entlasten.

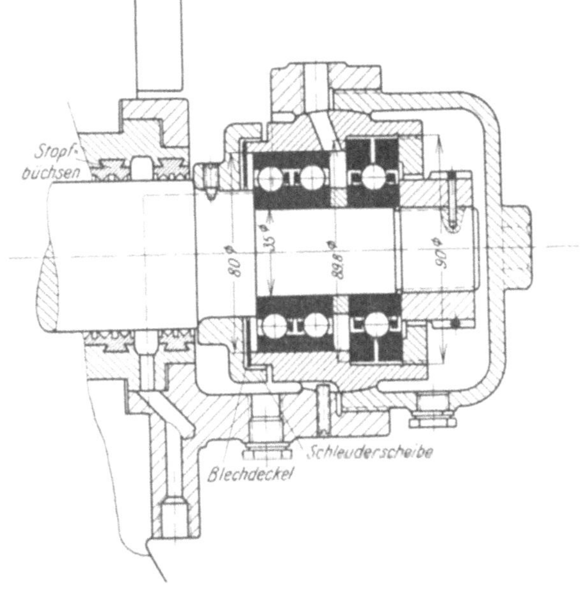

Fig. 161. M. A. N.-Turbine mit D. K. F.-Lagern.

5. Hebezeuge, Schiebebühnen, Drehscheiben. Im Hebezeugbau hat in neuerer Zeit die Verwendung der Wälzlager zugenommen: die Antriebsmittel können kleiner bemessen werden, ferner wird erheblich an Bedienung gespart. Bei der Wahl der Wälzlager muß auf die Art und Beanspruchung des Hebezeuges Rücksicht genommen werden. Greiferkräne arbeiten z. B. fast stets mit Vollast und ziehen ruckweise an, außerdem ist die Hubgeschwindigkeit höher als bei anderen Kränen. Hafenkräne dagegen heben nur gelegentlich die zulässige Höchstlast und stets nur mit geringer Hubgeschwindigkeit, außerdem sind die Pausen erheblich länger als bei Greiferkränen.

Die Fußlagerung für einen Kran ist in Fig. 162 veranschaulicht (B. K. F.). Die Ausführung mit einem offenen Rollenlager, dessen Außenring unten abgestützt ist, ist praktisch. Auch der Ausbau ist erleichtert, da der Außenring im Gehäuse bleibt und alle unterhalb liegenden Teile frei hindurch können. Zu beachten ist die gedrängte Konstruktion. Unter Umständen kann auch noch auf den Zwischenring R verzichtet werden.

Die Kugellagerung eines Kranhakens wird vereinzelt noch von den Hebezeugfirmen selbst hergestellt und erhält dann die in Fig. 163 dargestellte Form. Die Laufrillen werden in Traverse und Mutter eingedreht und mit von Kugel-

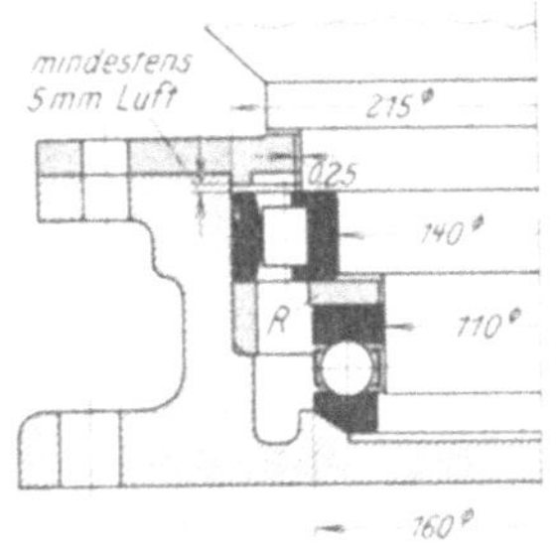

Fig. 162. Fußlagerung eines Kranes (B. K. F.).

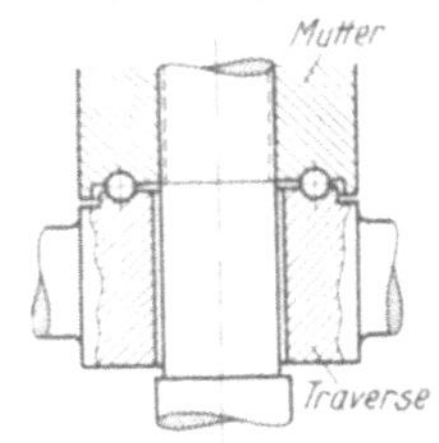

Fig. 163. Primitive Kranhaken-Lagerung.

lagerfirmen bezogenen und häufig zu klein gewählten Kugeln gefüllt. Da hier keine geschliffenen Laufrillen (oft auch nicht gehärtet!) vorliegen, ferner die Abmessungen der Rillen selten genau übereinstimmen, ist der Wirkungsgrad nur gering. Eine genaue Kalkulation wird außerdem ergeben, daß wenig Geld gespart wurde.

Eine gute Kranhakenlagerung für 12000 kg Belastung zeigt Fig. 164. Die Traverse erhält eine Eindrehung zur Aufnahme der balligen Einstellscheibe; dies ist einfacher als die Ausführung einer balligen Fläche unter Verzicht der Einstellscheibe. Ein im gleichen Arbeitsgang gedrehter Rand nimmt eine Schutzkappe auf, die mit Fett gefüllt werden kann.

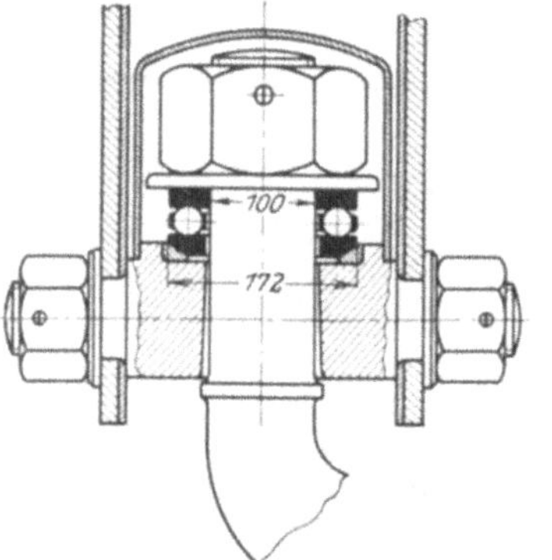

Fig. 164.   Kranhaken für 12000 kg Belastung.

Die Lagerung einer Schneckenwelle ist in Fig. 165 dargestellt (F. & H.). Die radiale Belastung wird durch Rollenlager aufgenommen und der bei wechselnder Umlaufrichtung nach beiden Seiten auftretende Längsschub durch ein Wechsellager übertragen. Die Wahl offener Rollenlager schließt jede Verklemmung beim Einbau aus. Gegen das Innere des Gehäuses sind die Lager noch durch beigelegte Scheiben abgedichtet. Diese Maßnahme ist sehr wichtig, denn durch die Abnutzung des Schneckenrades und der Welle ist das Öl im Gehäuse mit Metallteilchen durchsetzt, die beim Fehlen der Scheiben auch in die Wälzlager gelangen würden. Deshalb ist stets auf getrennte Schmierung zu achten.

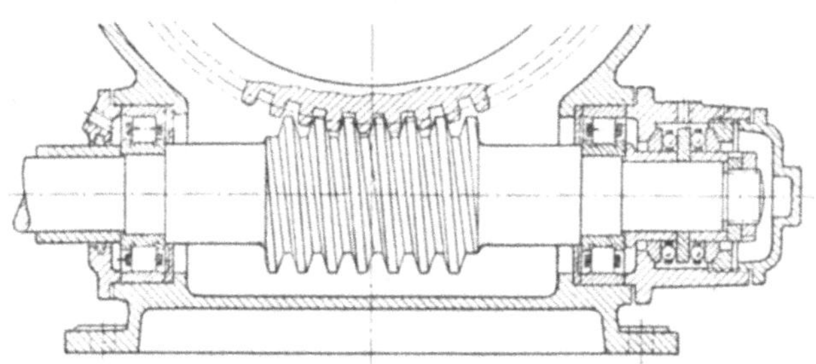

Fig. 165.   Lagerung einer Schneckenwelle (F. & H.).

In Fig. 166 ist die Kugellagerung einer Eisenbahndrehscheibe für 200 t Belastung gezeigt (B. K. F.). Die über den beiden Kugellagerringen liegende Scheibe ist eine Kupferscheibe, die sich unter dem Einfluß der Belastung so formt, daß alle Arbeitsungenauigkeiten ausgeglichen und die Last auf beide Kugelreihen gleichmäßig verteilt wird. Jede Kugelreihe läuft in einem besonderen Käfig; die Unterseite der Lagerung hat Kugeleinstellung.

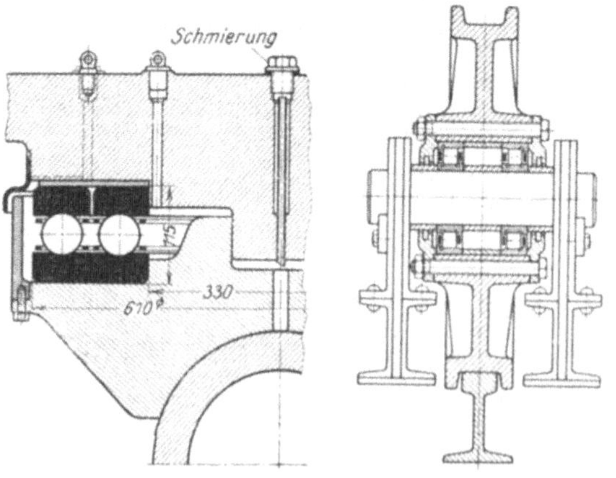

Fig. 166.   Eisenbahndrehscheibe (B. K. F.).

Fig. 167.   Laufrad für eine Schiebebühne (F. & H.).

Ein Laufrad für eine Schiebebühne gibt Fig. 167 wieder (F. & H.). Gewählt sind Schulterrollenlager der leichten Reihe, die mit ihrer offenen Seite

nach innen gekehrt sind, um besser gegen Schmutz gesichert zu sein. Die Seitenflächen der Buchsen müssen, um Verklemmungen zu vermeiden, genau zueinander
laufen und gleich lang sein. Um ganz sicher zu gehen, empfiehlt es sich, die Buchse
für die Außenringe 0,1—0,2 mm länger zu machen, es ergibt sich dann ein ent-
sprechendes Spiel. Der Raum zwischen den Buchsen wird mit Fett gefüllt und
reicht mindestens ein Jahr.

6. **Wälzlager in Schienenfahrzeugen**[1]). Der Zwang, Kraft, Schmiermittel
und Wartung zu sparen, aber die Betriebssicherheit möglichst noch zu erhöhen, hat den Einbau der Wälzlager als Achs-
lagerung sehr gefördert. Hierbei hat sich gleichzeitig ein bemerkenswerter Wandel vollzogen.
Während man früher allgemein möglichst kräftige
Querkugellager für den Radialdruck wählte und
den Längsschub, der beim Kurvenfahren beträcht-
liche Werte annimmt, die häufig noch durch seitlichen Winddruck nennenswerte Steigerung erfahren, durch Längslager aufnahm, wählt man
gegenwärtig durchweg Rollenlager.

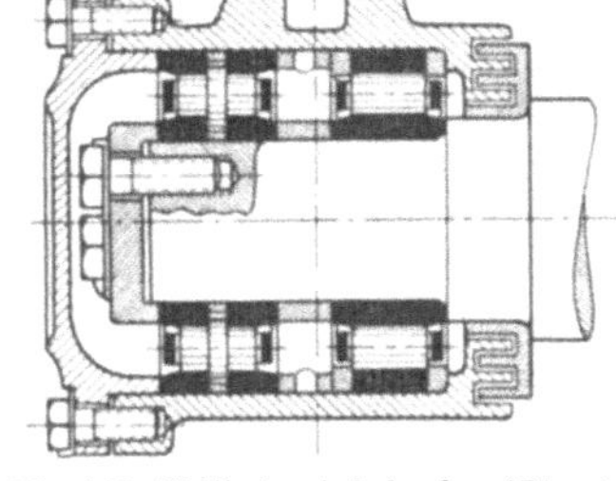

Fig. 168. Vollbahn-Achsbuchse (Jäger).

Hinsichtlich der Längsbelastung steht das
Rollenlager in einem strengen Gegensatz zum Kugellager; während man bei
diesem bei zunehmendem Radialdruck den gleichzeitig wirkenden Längsdruck
ermäßigen muß, damit
keine Überlastung der
Kugeln eintritt, kann
innerhalb seiner Bela-
stungsgrenzen das Rol-
lenlager mit wachsen-
dem Radialdruck auch
einen gesteigerten
Längsschub aufnehmen,
denn die Laufringe ver-
schieben sich auf den
Rollen bei auftretenden

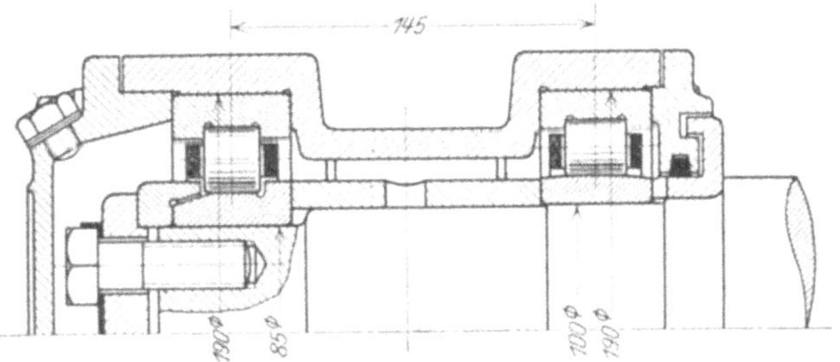

Fig. 169. Lagerung der Berliner Hochbahn (F. & H.).

seitlichen Stößen nicht momentan, da die Reibung der Ruhe, die in axialer Richtung vorhanden ist, überwunden werden muß.

Eine Vollbahnachsbuchse mit obenliegendem Federbund (Bauart Jäger, Elber-
feld) zeigt Fig. 168; die axialen Drücke werden durch den Bund des außen-
liegenden „Bundrollenlagers“ aufgenommen und auf das Gehäuse übertragen.
Die Innenringe nebst Zwischenbuchsen werden mittelst einer Kappe gegen die
Wellenschulter gezogen. Hierdurch ergibt sich eine einfache Konstruktion mit
glattem Wellenschaft, auch das Gehäuse erhält eine durchgehende Bohrung.

Die Lagerung der Berliner Hochbahn (F. & H.) ist in Fig. 169 dargestellt.
Die seitlichen Stöße werden von dem vorderen Lager aufgenommen. Nach Lösen
des Deckels und der Befestigungsscheibe kann die Achsbüchse vom Achsschenkel
ohne Entfernung der Laufringe abgezogen werden. Die Befestigungsschrauben
sind möglichst kräftig gewählt, denn, da sie nicht völlig gleichmäßig angezogen
werden können, muß mit der Übertragung der seitlichen Stöße durch nur
eine Schraube gerechnet werden.

---

[1]) S. auch ausführliche Beschreibung: Einzelkonstruktionen aus dem Maschinenbau, 4. Heft. Behr-Gohlke: Die Wälzlager, S. 108—117; ferner: Behr: Kugel- u.
Rollenlager für Schienenfahrzeuge. Z. V. d. I. 1921, Heft 49.

Eine Achsbuchse für 10 t Belastung bei 60 km Höchstgeschwindigkeit mit kegeligen Timkenrollenlagern der Linke-Hofmann-Lauchhammer-A.-G. zeigt Fig. 170. Schwierig dürfte hierbei die Herstellung des Gewindes für die Kronenmutter sein. Bemerkenswert ist die mit Fett gefüllte Labyrinthdichtung und der Schleuderring. Die Konstruktion basiert auf den Erfahrungen mit Timkenlagern in amerikanischen Eisenbahnfahrzeugen.

Die deutschen Wälzlagerfirmen sind zur Zeit ebenfalls rege mit der Ausarbeitung von Lagerungen für Vollbahnen beschäftigt, und es laufen bereits

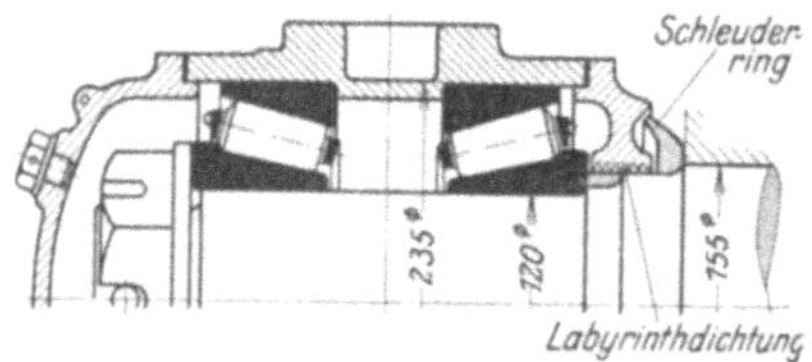

Fig. 170. Vollbahn-Achsbuchse mit Timkenlagern (Linke-Hofmann).

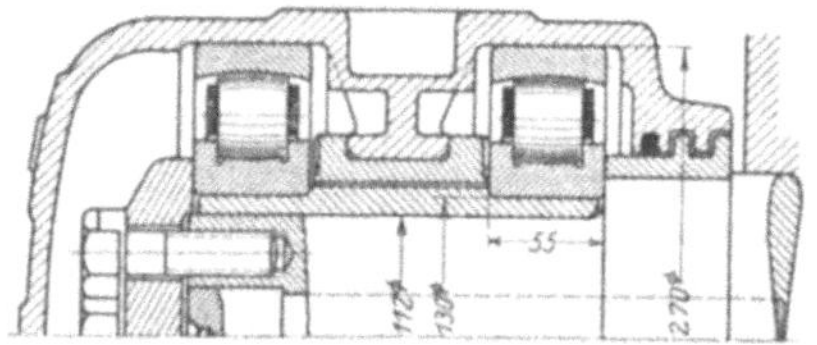

Fig. 171. Achsbuchse mit Tonnenlagern (Fischer).

einige Versuchszüge der deutschen Reichsbahn, die mit den verschiedensten Bauarten ausgerüstet sind. So zeigt z. B. Fig. 171 eine Ausführung mit 2 Tonnenlagern für federnd angeordnete Gehäuse, die eine starre Lagerung erfordern; die Tonnenlager sind also nicht wegen ihrer Einstellbarkeit, sondern der größeren Belastbarkeit halber gewählt worden. Der Entfernungsring für die Innenringe ist zweiteilig und aus Bronze; er umfaßt Vorsprünge des Gehäuses und dient zur Aufnahme der axialen Stöße.

Eine von der Norma-Co. entwickelte Konstruktion ist in Fig. 172 dargestellt; sie findet mit anderen Abmessungen auch für Straßen- und Kleinbahnen Verwendung. Der Vorteil besteht in der leichten Ein- und Ausbaumöglichkeit ohne Lösung der Laufringe von ihren Sitzen. Nach Entfernung der Scheibe a und des Führungsringes b vom vorderen Lager läßt sich die Achsbuchse

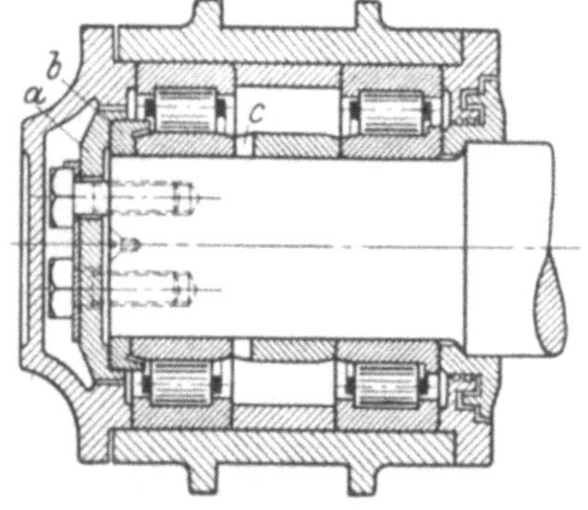

Fig. 172. Achsbuchse der Norma-Co.

samt Außenringen, Käfigen usw. vom Achsschenkel entfernen. Die Aussparungen c erleichtern das Ansetzen von Abziehvorrichtungen.

7. Elektrische Maschinen. Mancherlei Rückschläge haben die Einführung der Wälzlager in Elektromotoren und Dynamomaschinen erschwert. In der Regel wurden die Wälzlager, um zu sparen zu schwach gewählt, häufig trug aber auch die Unkenntnis der auftretenden Beanspruchungen die Schuld an den Fehlschlägen. Eigentümlich ist es, daß gegenwärtig gerade in den am stärksten beanspruchten Maschinen, die außerdem noch den sorgfältigsten Einbau und die peinlichste Abdichtung erfordern, den Straßenbahnmotoren, die Wälzlagerung vorherrscht.

Die hohen Belastungen, namentlich beim Anfahren und elektrischen Bremsen, führen dazu, daß die Wellenenden des Ankers auf der Zahnradseite fast immer etwas schlagen. Die Wellen auszurichten ist schwierig, da Wicklung und Kollektor leicht beschädigt werden. Auf der am stärksten belasteten Zahnradseite findet daher zweckmäßig stets ein einstellbares Lager Verwendung.

In Fig. 173 ist die Lagerung eines Straßenbahnmotors mit Riebe-Rollenlagern dargestellt. An der Zahnradseite findet ein Lager mit Schultern am Außenring und balliger Laufbahn des Innenringes Verwendung. Der fest mit dem Innenring verbundene Wellenstumpf kann sich stets dem Schlagen der Welle entsprechend einstellen. Bei Verwendung eines normalen Lagers nach Fig. 40 wäre natürlich ebenfalls eine Einstellung möglich, jedoch müßte in diesem Falle stets der ganze Rollensatz mitbewegt werden. Neben größerer Reibarbeit und stärkerem Verschleiß würden auch die Lager-

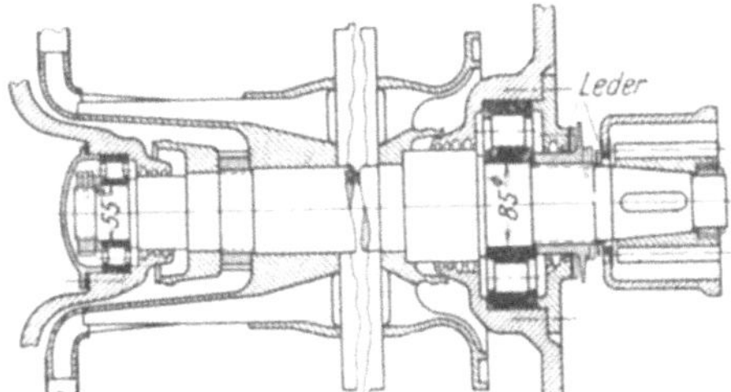

Fig. 173. Straßenbahnmotor (Riebe).

geräusche größer werden. Die axiale Führung übernimmt das auf der Kollektorseite befindliche geschlossene Lager. Der Bordring wird durch eine Mutter gegen den Innenring gezogen, der Ansatz wird so bemessen, daß die Rollen ein geringes Spiel erhalten.

Die Abmessungen der nach innen liegenden Absätze der Welle und die Abdichtungsflächen der Seitenschilde müssen ein bequemes Abnehmen der Schilder ohne Entfernung der Innenringe von ihren Sitzen ermöglichen; denn der erstmalige stramme Sitz würde beim wiederholten Auftreiben nicht wieder erreicht werden, und erfahrungsgemäß träte dann ein „Einschlagen“ der Ringe auf der Welle ein. Beim Abnehmen eines Seitenschildes muß der Kollektor vorher gut unterbaut werden, da er sonst aufschlägt und beschädigt wird, auch das Rollenlager der Gegenseite wird verklemmt, in der Regel brechen die Rollenkanten aus.

Die Lagerung einer senkrechten Elektromotorenwelle zeigt Fig. 174 (F. & H.). Die beiden Querlager sitzen auf fest mit der Welle verbundenen Buchsen schwimmend im Gehäuse. Die Bohrung der Buchsen ist so groß, daß Ölstandrohre in sie eingeführt werden können. Das Rotorgewicht wird durch ein einstellbares Längslager aufgenommen.

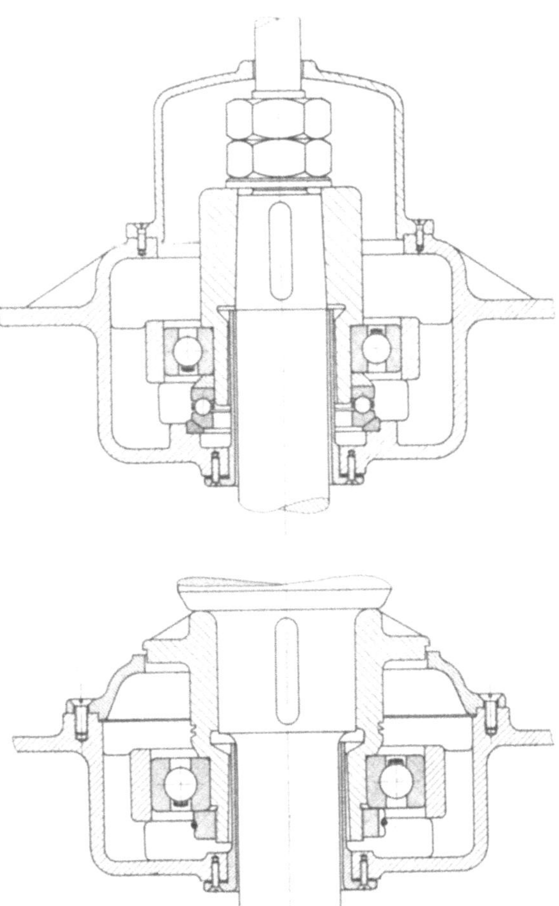

Fig. 174. Vertikale Elektromotorenwelle (F. & H.).

Sehr vorteilhaft ist der Einbau von Wälzlagern in Drehstrommotore, die einen besonders engen Luftspalt haben. Bei Gleitlagern führt ein Auslaufen zum Anstreifen und Kurzschluß des Rotors; infolgedessen wählt man häufig den Gleitsitz, der durch vorsichtiges Einlaufenlassen auf den erforderlichen engen Laufsitz gebracht werden muß. Da beim Wälzlager das Einlaufen fortfällt, liegt schon hierin ein bedeutender Vorteil, der sich noch dadurch vergrößert, daß auch das gefährliche Heißlaufen nicht auftreten kann.

8. Mühlen. Die Lager in Mühlen sind besonders hohen und stoßweise auftretenden Belastungen ausgesetzt, die schon in Walzenstühle für Getreidemühlen erheblich werden, wenn Steine usw. mit durchlaufen. Der angestrengte Tag- und Nachtbetrieb erfordert daher stärkste Lager, die auch nach Möglichkeit einstellbar sein sollen. Der Raummangel verleitet häufig zur Nichtbefolgung dieser Regeln, und deshalb treten in diesem Fachgebiet auch gegenwärtig noch häufig Rückschläge auf. Daß wegen der großen Staubentwicklung auf beste Abdichtung größter Wert zu legen ist, erscheint selbstverständlich.

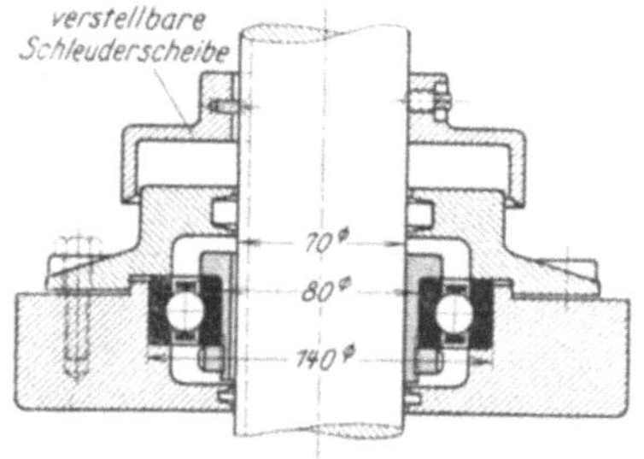

Fig 175. Halslager einer Mühlspindel (D. K. F.).

Die Halslagerung einer axial verstellbaren Mühlspindel zeigt Fig. 175 (D. K. F.). Das Lager ist fest eingebaut, der Innenring sitzt auf einer Buchse, die auf der Welle aufgefedert und in der Längsrichtung verschiebbar ist. Nach dem Einbau kann die verstellbare Schleuderscheibe auf ihren Sitz festgeschraubt werden.

Die Fußlagerung einer ähnlichen Mühle zeigt Fig. 176 (Fischer). Da die Lagerung einstellbar ist und einen gemeinsamen Schwingungspunkt erhält, ist genauer Einbau erforderlich. Die axiale Belastung beträgt etwa 550 kg bei ungefähr 200 Uml/min. Zum Antrieb sind 2,5 PS erforderlich.

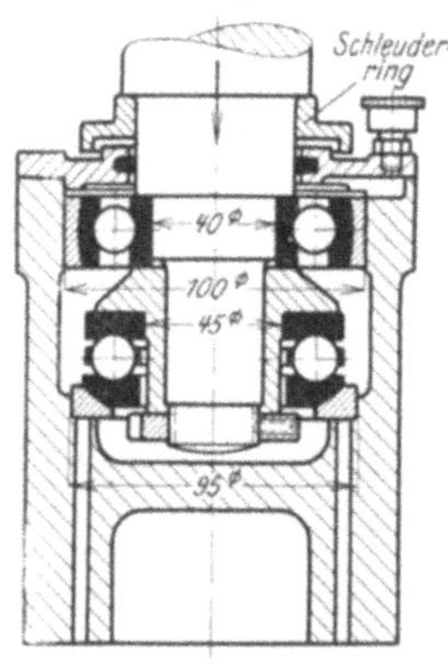

Fig. 176. Fußlagerung einer Mühlspindel (Fischer).

Die Mühlen in der Zerkleinerungsindustrie haben bis heute noch durchweg Gleitlager. Man nimmt ihren großen Verbrauch an Energie und besonders auch an Schmiermittel, verbunden mit einem starken Verschleiß infolge des nicht zu vermeidenden Staubes, in Kauf (Zementindustrie).

Als Wälzlager kommen nur die Rollenlager in Betracht, da sie der rauhen Betriebsart am besten gewachsen sind. Fig. 177 zeigt ein Belastungsschema für eine Rohrmühle. Die Belastung P jeder Laufrolle beträgt ungefähr 2500 kg.

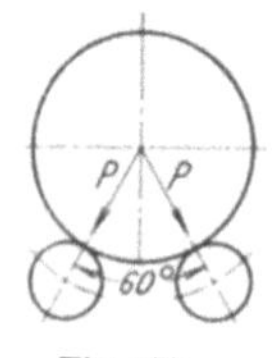

Fig. 177. Belastungsschema einer Rohrmühle.

Die Lagerung einer Laufrolle mit F. & S.-Lagern zeigt Fig. 178. Das

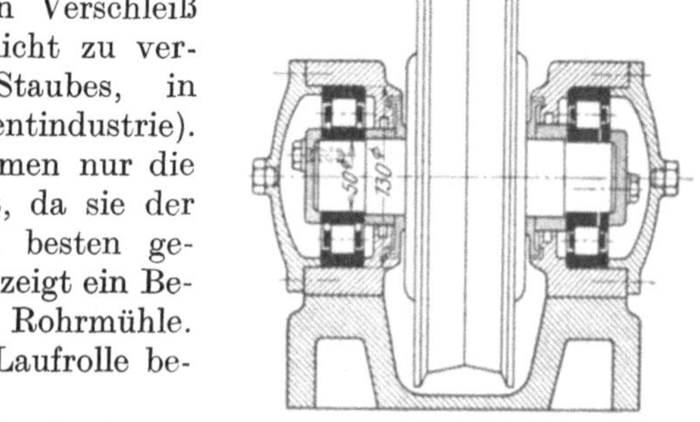

Fig. 178. Laufrolle einer Rohrmühle (F. & S.)

rechtsseitige geschlossene Lager nimmt den axialen Schub auf. Die Abdichtung gewährt einen guten Schutz gegen Staub. — Eine Rollenlagerung für Verbundrohrmühlen und Drehrohröfen der Firma Krupp ist in Fig. 179 wiedergegeben.

Sowohl der Umbau alter Gleitlagerungen, wie auch die Anordnung bei Neuanlagen ist gezeigt. Gewählt wurden Sonderrollenlager Bauart Krupp mit
kegeligen Rollen. Die Lager sind unmittelbar in der Laufrolle untergebracht;
die Herstellung der Sitze ist einfacher, da es sich um glatte Gehäuse handelt
und das Ausbohren der Lagerböcke nicht so große Sorgfalt erfordert. Auch der
Einbau in vorhandene Lagerböcke, die unter Umständen aus Blech genietet
sind, ist möglich.

Der Schmiermittelverbrauch ist gering (jährlich eine Füllung), vielfach werden
schon hierdurch die Umbaukosten amortisiert. Die Dichtung ist nicht für Öl
oder dünnflüssige Fette gebaut, da es vorteilhaft ist, Kalypsolfett (Deutsche

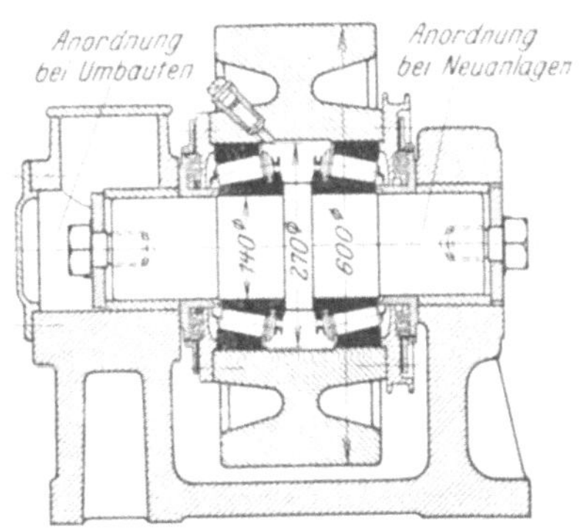

Fig. 179. Verbundrohrmühle (Krupp).

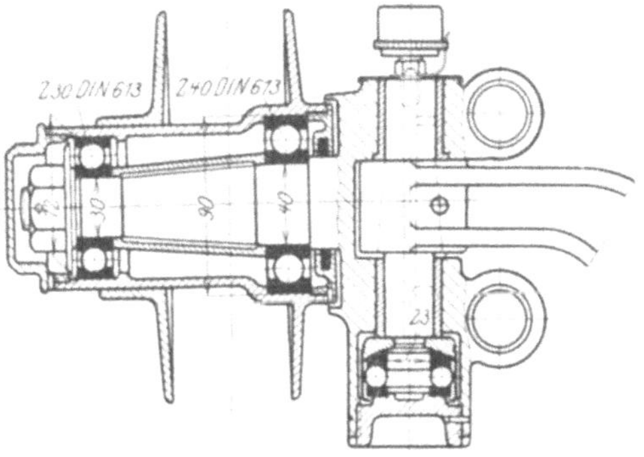

Fig. 180. Vorderradnabe mit Lenkschenkel (B. K. F.).

Kalypsolwerke, Düsseldorf) oder das Wälzlagerfett von Stern-Sonneborn, Ham-
burg, zu verwenden.

9. Motorfahrzeuge (Naben und Getriebe). Die Wälzlagerungen für Naben und
Getriebe eines Kraftwagens sind in der Literatur und den Katalogen der Kugellagerfabriken schon so häufig beschrieben, daß an dieser Stelle eine kurze Er-
wähnung genügt.

Für die Naben hat sich eine gewisse Normaltype entwickelt, gekennzeichnet
durch ein schwächeres Außenlager und ein kräftiges Innenlager, das die Haupt-
last aufnimmt und gleichzeitig die axiale Führung, also auch die Stöße in dieser
Richtung, übernimmt. Fig. 180 zeigt eine Vorderradnabe mit Lenkschenkel
(B. K. F.), die nach vorstehenden Gesichtspunkten durchgeführt ist. Die Rad-
mitte liegt mehr nach dem inneren Lager, damit dies den Hauptteil der Belastung
aufnimmt. Erhöhte Aufmerksam-
keit ist der Dichtung geschenkt, da
die Nabenlagerungen dem Staub,
ferner aber auch dem Wasser,
namentlich beim Reinigen, ausgesetzt sind. Der Lenkschenkel ist
in Gleitlagern gelagert und durch
ein balliges Längslager abgestützt.

Ein Rollenschräglager (Krupp)
für schwere Lastkraftwagen zeigt
Fig. 181; der Einbau wird ver-
hältnismäßig einfach, da beide Lager zwischen einer inneren und äußeren
Buchse untergebracht sind und als Ganzes auf die Achse geschoben werden
können. Auch diese Konstruktion sieht eine gute Abdichtung vor.

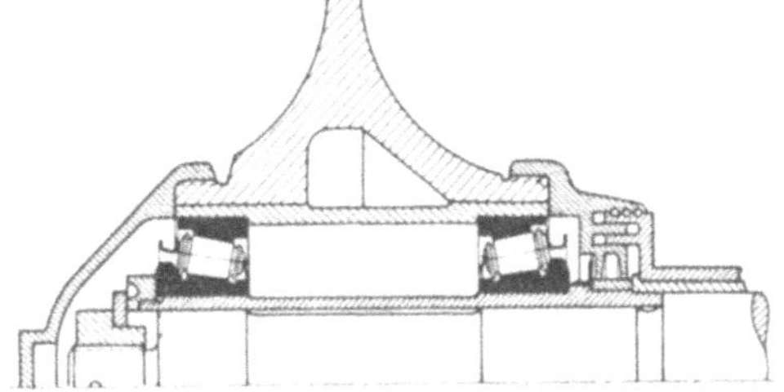

Fig. 181. Lastwagen-Achslagerung (Krupp).

Die Getriebelagerung für einen schweren Lastkraftwagen mit F. & H.-Rollenlagern zeigt Fig. 182. Die seitliche Führung der Wellen übernimmt je ein Lager mit Schultern am Außenring und einer festen und einer abnehmbaren Schulter am Innenring. Das zweite Lager ist als offenes Lager ausgebildet; Verklemmungen werden so mit Sicherheit vermieden.

10. Explosionsmotore. Die Kurbelwelle ist stets schwierig zu lagern, sobald mehr als 2 Zylinder vorhanden sind, da dann außer den Endlagern noch Mittellager erforderlich sind, die die Schwierigkeiten bereiten. Es gibt drei Möglichkeiten für die konstruktive Durchbildung:

1. Geteilte Wälzlager
2. geteilte Kurbelwelle
3. Bohrung des Wälzlagers groß genug, um es über die Kröpfungen schieben zu können.

Bei geteilten Rollenlagern werden gewöhnlich lange Rollen gewählt, die unmittelbar auf dem Lagerzapfen laufen; der Rollenkorb ist geteilt. Fig. 183 zeigt eine Ausführung der Kugelfabrik Fischer. Der Außenring ist dann ebenfalls geteilt.

Die Ausführung einer geteilten Kurbelwelle mit Tonnenlagern ist in Fig. 184 (Fischer) dargestellt, die sich besonders für kleine Motoren bewährt hat. Die Wellenteile müssen sehr zuverlässig verbunden werden. Für alle Lagerstrecken erhält man auf diese Weise normale Wälzlager.

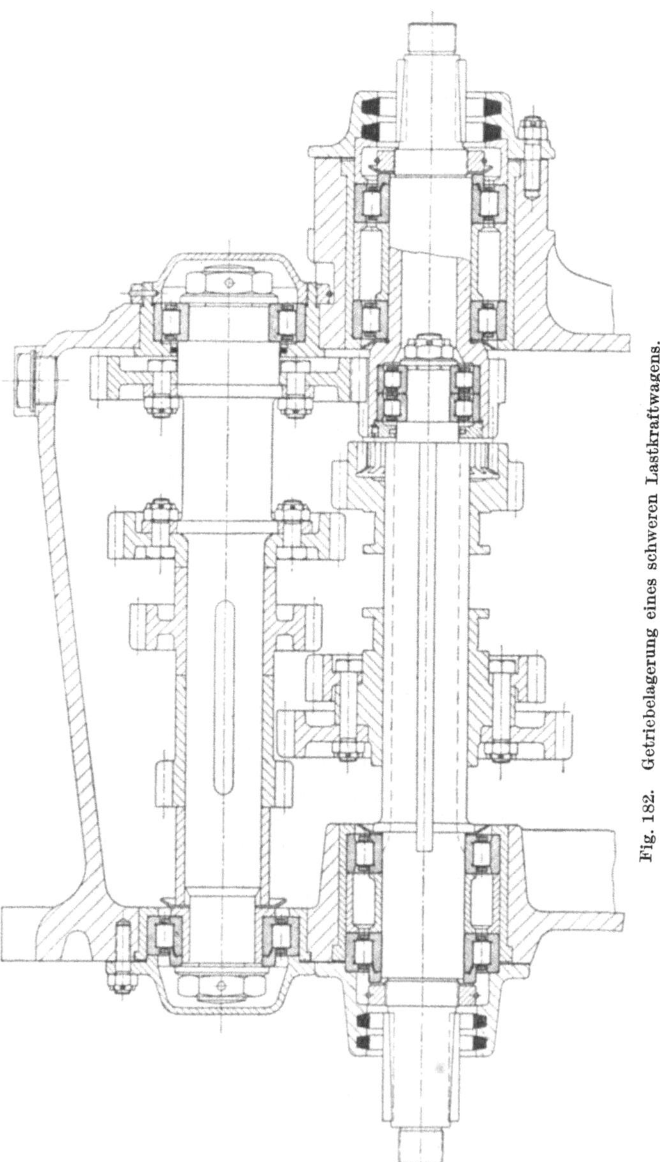

Fig. 182. Getriebelagerung eines schweren Lastkraftwagens.

Die dritte Möglichkeit ist in Fig. 185 gezeigt (F. & S.). Der Innenring wird, nachdem er über die Kröpfungen geführt ist, auf seine Sitzstelle geschoben und durch einen zwei-teiligen Ring seitlich festgehalten.

In Fig.186 (F.&S.) wird die Sitzstelle des Lagers durch Einschie-ben einer zweiteiligen Buchse hergestellt, und zwar wird erst eine Hälfte der Buchse auf der vom Kurbelarm abgekehrten Seite ein-geschoben, diese Buchsenhälfte nach oben gedreht und dann die zweite Hälfte an der wieder freien Stelle eingefügt. Die seitliche Sicherung erreicht man durch einen geteilten Ring, der mit der Buchse verschraubt wird.

Fig. 183. Geteilter Rollenkorb für Kurbelwellenlager (Fischer).

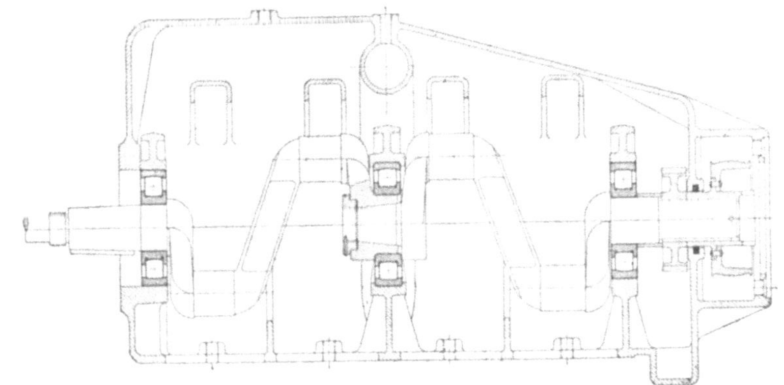

Fig. 184. Geteilte Kurbelwelle mit Tonnenlagern (Fischer).

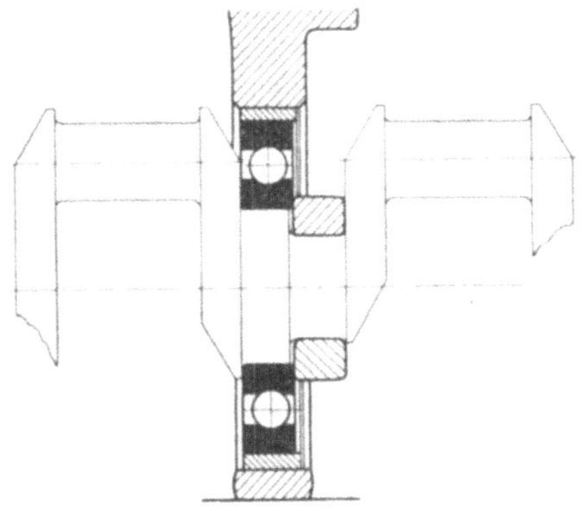

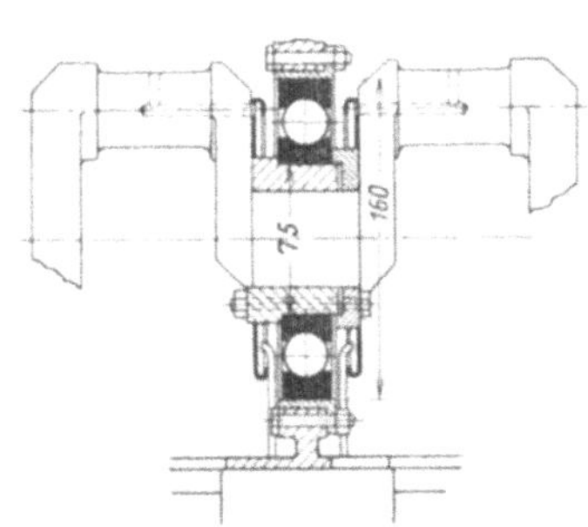

Fig. 185. Mittellager einer ungeteilten Kurbelwelle (F. & S.).

Fig. 186. Ungeteilte Kurbelwelle (F. & S.).

Die Lagerung der Kurbelwelle und der Pleuelstange für einen Kraftradmotor zeigt Fig. 187 (F. & H.). Die Außenringe für die Kurbelwelle sitzen mit Festsitz im Gehäuse und sind, um die Welle gegen seitliche Verschiebungen zu sichern, mit einer Schulter ausgeführt. Wenn es keine besonderen Schwierigkeiten macht, empfiehlt es sich aber stets, die Außenringe auch seitlich festzuspannen. Ver-

klemmungen der Lager, besonders seitlich, können leicht auftreten, deshalb ist bei der Montage mit Sorgfalt zu verfahren und auf ein geringes Seitenspiel der Welle zu achten.

Für die Lagerung der Pleuelstange sind Rollen in einem S-förmig gefrästen Korb verwendet, die unmittelbar auf dem gehärteten Kurbelzapfen und in einer in den Kopf der Stange eingesetzten Stahlbuchse laufen. Man wählt zweckmäßig etwas längere Rollen, denn der Kurbelzapfen, der vielfach nicht aus Kugellagerstahl besteht, erhält nicht die Härte der normalen Laufringe, und bei den kurzen Rollen würde die spezifische Pressung dann zu hoch werden.

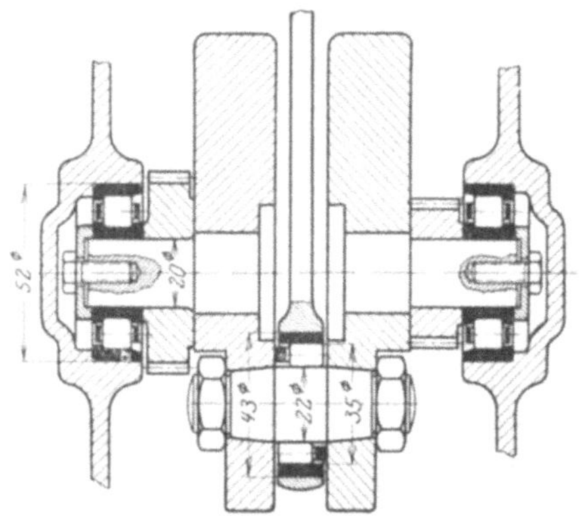

Fig. 187. Kurbelwelle und Pleuel eines Kraftradmotors (F. & H.).

11. Werkzeugmaschinen. In Werkzeugmaschinen wurden Wälzlager zuerst da eingebaut, wo die hohen Drehzahlen ständig zu Heißläufen und schnellem Verschleiß der Gleitlager führten, also vornehmlich in Polier- und Schnellbohrmaschinen. In die Zahnrad- und Schneckengetriebe fanden sie erst verhältnismäßig spät Eingang, und in den Haupt- und Arbeitsspindeln findet man sie als Querlager auch heute noch selten. Der Grund dafür ist zunächst einmal darin zu suchen, daß Wälzlager nicht nachstellbar sind; auch bei den kegeligen Rollenlagern ist die Nachstellbarkeit sehr unvollkommen (s. S. 21).

Die Arbeitsspindel bedarf einer besonders sicheren Führung; deshalb findet man heute auch das geschlitzte kegelige Gleitlager, namentlich in amerikanischen Maschinen, schon seltener. Es wird verdrängt durch möglichst lange zylindrische und ungeteilte Laufbuchsen, so daß die Welle einem an den Auflagepunkten fest eingespannten Träger gleicht, während beim Wälzlager stets eine punktförmige Auflage angenommen werden muß, die Anlaß zu Erzitterungen und merklichen Durchbiegungen der Spindel gibt. Aus diesem Grunde scheinen die Wälzlager als Querlager der Arbeitsspindeln nicht sehr geeignet. Dazu kommt noch ein zweites: die Arbeitsspindeln von Präzisionswerkzeugmaschinen müssen so genau gelagert sein, daß im Lager nicht mehr als $^1/_{100} \div ^2/_{100}$ mm Spiel ist, das beim Gleitlager der Ölfilm ausfüllt. Solche Genauigkeit läßt sich auf die Dauer mit Wälzlagern aber nicht halten.

Werden dagegen keine sehr hohen Genauigkeitsansprüche an die Spindellagerungen gestellt, so treten die Vorzüge der Wälzlager mehr in den Vordergrund; jedoch finden sich Querlager bei Werkzeugmaschinen erst vereinzelt.

Ganz anders verhält es sich mit dem Wälzlager als Längslager für die Aufnahme des axialen Schubes. Hier sind die Wälzlager durchaus am Platze und jeder anderen Konstruktion vorzuziehen, sobald der axiale Schub erheblich wird. Das ist nicht nur bei schweren Drehbänken der Fall, sondern besonders auch bei Bohrmaschinen durch den Vorschubdruck und bei Fräsmaschinen, wenn sie mit Fräsern arbeiten, deren schraubenförmige Zähne in nur einer Richtung stark ansteigen.

Daß in diesen Fällen sich die Vereinigung des Wälzlagers mit dem Gleitlager gut bewährt hat, wurde schon früher (s. S. 43) erwähnt. Fig. 188 zeigt

den Schnitt durch den neuesten Spindelkasten der Monarch Machine Tool Co.
(U. S. A.). Die Vorgelegewellen I und II laufen völlig in Kugellagern. Die
Arbeitsspindel III ist dagegen in langen zylindrischen Bronzebuchsen gelagert
und lediglich der axiale Schub wird durch Längskugellager aufgenommen.

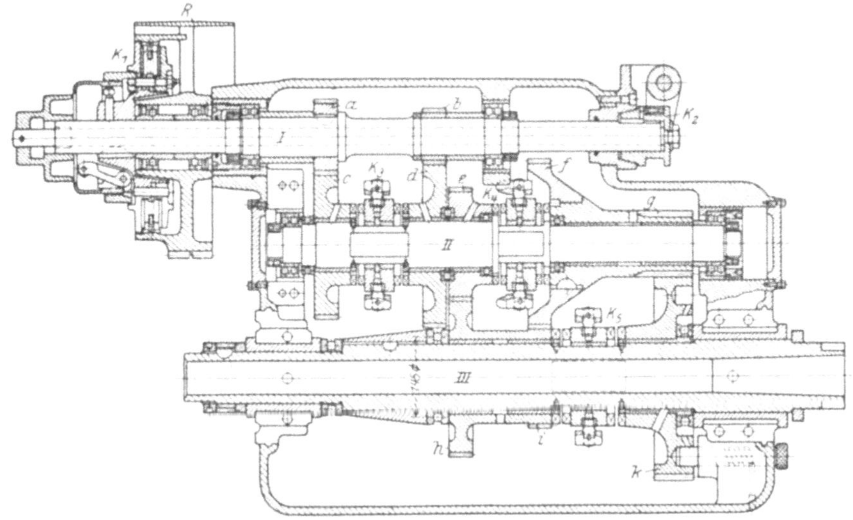

Fig. 188. Spindelkasten der Monarch Machine Tool Co.

(Näheres s. Werkst.-Technik 1926, H. 16.) Hieraus geht hervor, daß man auch
in Amerika für die Arbeitsspindel bei höheren Ansprüchen das Gleitlager dem
Wälzlager vorzieht.

Auch Rundschleifmaschinen sind schon mit Kugellagern für die Schleifspindel gebaut worden, jedoch ist der Vorteil sehr begrenzt, und erfahrene Werkstätten ziehen die mit Gleitlagern ausgerüsteten Schleifmaschinen vor. Einige
wenige Ausnahmen für Sonderzwecke, wie z. B. die später beschriebene bewährte
Fortunaschleifspindel, ändern das allgemeine Bild wenig.

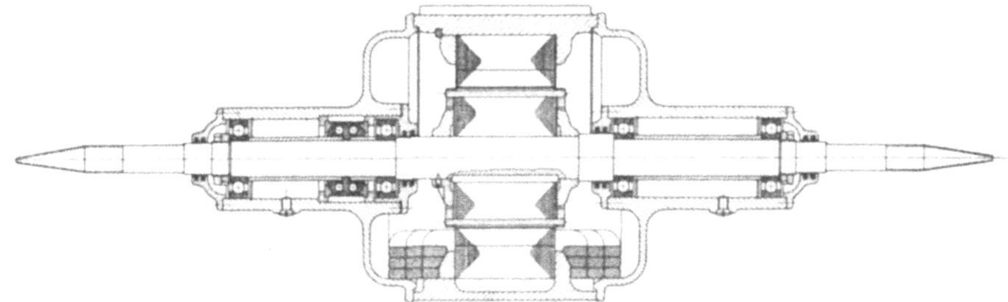

Fig. 189. Schleif- und Poliermaschinen (F. & H.).

Eine Schleif- und Poliermaschine mit unmittelbar auf der Spindel sitzendem
Motor zeigt Fig. 189 (F. & H.). Die Außenringe aller Querlager sitzen saugend
in ihren Gehäusen, die Seitendrücke werden durch ein Wechsellager aufgenommen. Um Verklemmungen zu verweiden, muß das Gehäuse sehr genau
bearbeitet und zusammengebaut werden. Da der Antrieb unter Verzicht auf
jedwede Kraftübertragungsmittel erfolgt, ist der mechanische Wirkungsgrad
besonders günstig.

Die Lagerung einer wagerechten Schleifspindel mit F. & S.-Lagern zeigt Fig. 190. Da es sich um eine halbselbsttätige Stirnradschleifmaschine handelt, werden an die Genauigkeit und den ruhigen Lauf der Spindel hohe Anforderungen gestellt. Die vordere Lagerung besteht daher aus zwei doppelreihigen Querlagern, die den hohen, beim Schleifen entstehenden Querdruck übertragen. Den axialen Schub übernimmt ein Wechsellager, das dicht neben dem Querlager an der Antriebseite sitzt. Die gewählte Labyrinthdichtung an beiden Seiten schützt die Lager wirksam gegen den Schleifstaub, der natürlich besonders gefährlich ist.

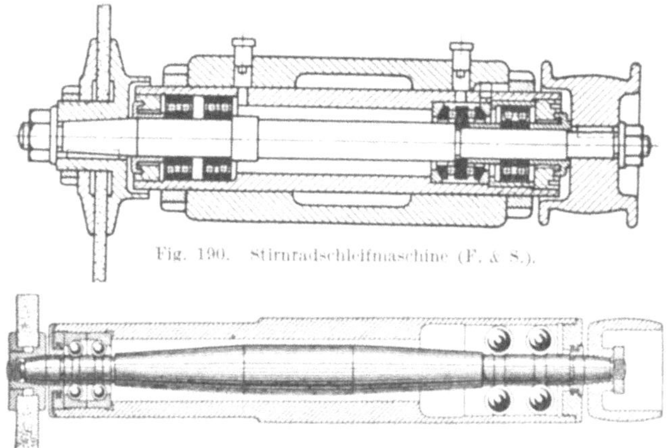

Fig. 190. Stirnradschleifmaschine (F. & S.).

Fig. 191. Fortuna-Schleifspindel.

Fig. 191 zeigt die bekannte Innenschleifspindel der Fortuna-Werke in Cannstatt, die die höchsten Umlaufzahlen, die nötig sind, aushalten kann. Bei einem Schleifscheibendurchmesser von etwa 10 mm und einer Schnittgeschwindigkeit der Scheibe von rund 25 m/sk muß die Spindel 48 000 Uml/min machen.

Die Innenlaufrillen sind unmittelbar in die Welle geschliffen, und an der Antriebseite laufen die Kugeln in dem zylindrisch geschliffenen Gehäuse. An der Schleifscheibenseite sind Außenringe, ähnlich den Schulterlagern, vorgesehen, die die seitlichen Drücke aufnehmen. Die Form der Welle ist den hohen Umlaufzahlen angepaßt und in der Mitte stärker, um völlig ruhig zu laufen.

In Hobelmaschinen findet man Wälzlager in den Lagerungen der Getriebewellen, der Einbau gestaltet sich ähnlich wie in den Getrieben für Kraftwagen. Wegen der hohen Beanspruchung wählt man zweckmäßig Rollenlager.

12. Textilmaschinen. Der Einbau der Wälzlager in Maschinen für Ringspinnereien und Zwirnereien unterscheidet sich nicht wesentlich von den in ähnlichen Fachgebieten üblichen Anordnungen. Schwierig ist dagegen die Ausrüstung der Spinnspindeln mit Kugellagern; ein Problem, daß auch heute noch nicht völlig gelöst ist, obwohl die ersten Versuche schon Jahrzehnte zurückliegen[1]. Die Mißerfolge sind auf eine starke Unterschätzung der Kräfte, die besonders die in der Höhe des Schnurzuges liegenden Halslager beanspruchen, zurückzuführen. Ursprünglich wurde nur das Halslager mit Kugellagern versehen und das untere Ende der Spindel, auf einer Spitze laufend, in einem schwach kegeligen Gleitlager gelagert. Sobald das Halslager zu stark ausgelaufen ist, läuft die Spindel unruhig („schwirrt"), der Fadenzug äußert sich ruckweise und ein häufiges Reißen ist die Folge.

Andererseits kann man Kugellagerspindeln mit wesentlich höheren Drehzahlen laufen lassen; die kritische Umlaufzahl liegt hier bei etwa 25 000 Uml/min, während die besten englischen Gravityspindeln höchstens noch bei 12 000 Umdrehungen zuverlässig sind. Obwohl die genannten Höchstdreh-

---

[1] Kohl, Alfred: Kugellagerspindeln. Zeitschr. f. Wollen- u. Leinenindustrie, Reichenberg in Böhmen, 1924, H. 16.

zahlen der Kugellagerspindel aus praktischen Gründen nicht angewendet werden, kann der Faden bei den niedrigeren Umlaufzahlen besser geschont werden, da sich die Spindel leichter dreht und absolut ruhig und vibrationsfrei läuft.

Die gegenwärtigen schwierigen Wirtschaftsverhältnisse haben dazu geführt, daß einige Kugellagerfirmen die Herstellung der Spinnspindeln zunächst wieder aufgegeben haben. Eine der größten englischen Spinnereifirmen ist sogar der Ansicht, daß gegenwärtig die Kugellagerspindel als Luxusartikel betrachtet werden müsse, während deutsche Firmen versuchsweise derartige Spindeln laufen lassen.

Eine Spindel für Ringspinnmaschinen (F. & H.) zeigt Fig. 192. Als Halslager werden 2 Schulterlager mit gemeinsamem Innenring verwendet, unten wird ein normales Querlager eingebaut. Die Schulterlager übernehmen auch die axiale Führung, die Außenringe werden in eine Aluminiumhülse eingepreßt. Das Öl steigt an der kegeligen Spindel in die Höhe und läuft in Nuten zwischen Spindel und Hülse wieder zurück. Als oberer Abschluß ist ein eingepreßter Deckel vorgesehen, die Schnurscheibe ist als Schleuderscheibe ausgebildet; die minutliche Umlaufzahl beträgt 15000. Die Spindel kann zusammen mit der die Lager tragenden Hülse aus dem Spindelfuß gezogen werden.

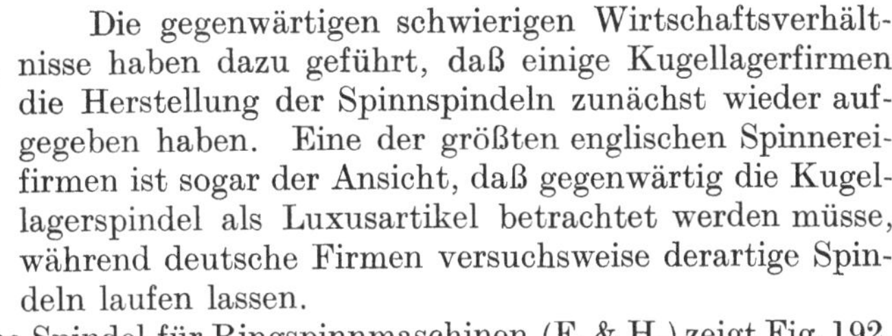

Fig. 192. Spinnspindel (F. & H.).

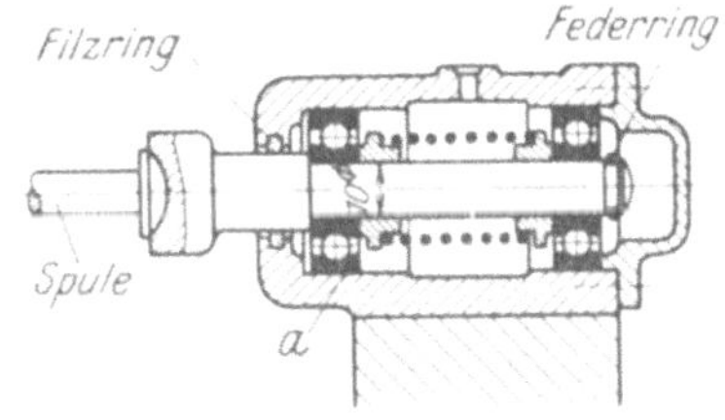

Fig. 193. Spulmaschine (F. & S.).

Eine Spulmaschine (F. & S.) zeigt Fig. 193. Das Lager a ist verschiebbar angeordnet, um die Spule einsetzen zu können, die Spannung wird durch eine Spiralfeder erzeugt.

13. Landwirtschaftliche Maschinen. In alle landwirtschaftlichen Maschinen hat heute das Wälzlager Eingang gefunden; die große Kraftersparnis ist hier besonders günstig für die Einführung gewesen, ferner spielen die einfache Wartung und die größere Betriebssicherheit eine große Rolle.

Für leichtere Dreschmaschinen sind die sog. Dreschmaschinenlager sehr beliebt, die einen verlängerten Innenring erhalten (Fig. 194). Es genügt, diese Lager mit dem Innenring verschiebbar, aber ohne merkliches Spiel, auf die Welle aufzupassen. Zur Mitnahme des Innenringes dient eine Schraube, die auf der Welle sitzt und in die nutenförmige Aussparung des Innenringes greift. Bei zwei Lagern auf einer Welle müssen die Mitnehmerschrauben so angeordnet werden, daß die Welle noch 1 mm seitliches Spiel erhält, damit bei Längenausdehnungen kein Klemmen eintritt.

Für Dreschmaschinenlager werden passende Gehäuse geliefert. Der stets ballige Außenring paßt ohne Verwendung eines Einstellringes in das entsprechend ausgebildete Gehäuse.

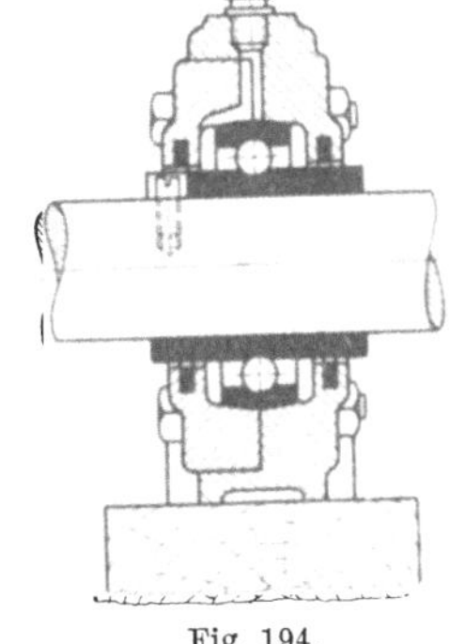

Fig. 194. Dreschmaschinenlager.

Im übrigen gestaltet sich die Verwendung der Wälzlager nach den allgemeinen Richtlinien. Da die Unterlage vielfach aus Holz besteht, mit dessen „Schwinden“

gerechnet werden muß, kommen hauptsächlich die Lager mit Einstellung in Betracht. Für alle anderen Lagerstellen gelten im wesentlichen die allgemeinen Gesichtspunkte.

14. Sonderfälle. Die Lagerung aller umlaufenden Teile an einem Kompresser ist in Fig. 195 (F. & H.) gezeigt. Die Leerscheibe ist mit normalen Querkugellagern ausgerüstet. Die innere Entfernungsbuchse ist genau auszuführen, damit die Lager nicht verklemmt werden.

An den übrigen stark beanspruchten Stellen sind Rollenlager eingebaut; die Pleuelstangenkurbel hat ein Lager mit langen Rollen erhalten, das der stoßweisen Belastung am besten gewachsen ist. Die seitliche Führung der Kurbelwelle übernimmt ein Querkugellager.

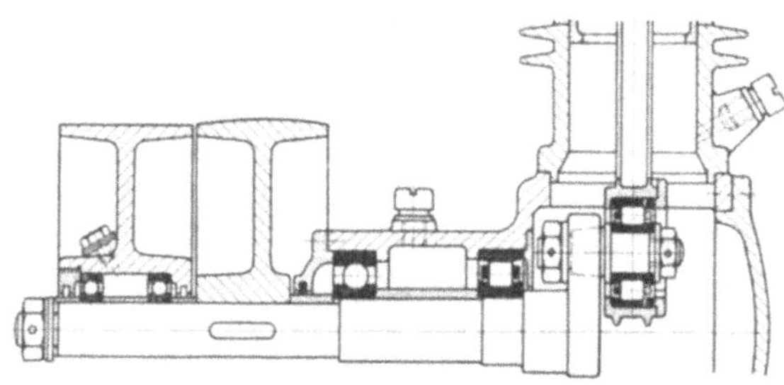

Fig. 195. Lagerung eines Kompressors (F. & H.).

Die Brustwalzenlagerung an einer Papiermaschine (Naßpartie) ist in Fig. 196 (F. A. G.) dargestellt. Da die von innen beheizte Trommel starken Längenausdehnungen ausgesetzt ist, sind Rollenlager mit zylindrischer Laufbahn des Außenringes gewählt. Die Längsdrücke werden durch Spurzapfen aufgenommen. Um das Filztuch leicht auswechseln zu können, ist das Gehäuse entsprechend ausgebildet. Eine besonders sorgfältig auszuführende Labyrinthdichtung hält das an diesen Maschinen abfließende Wasser fern.

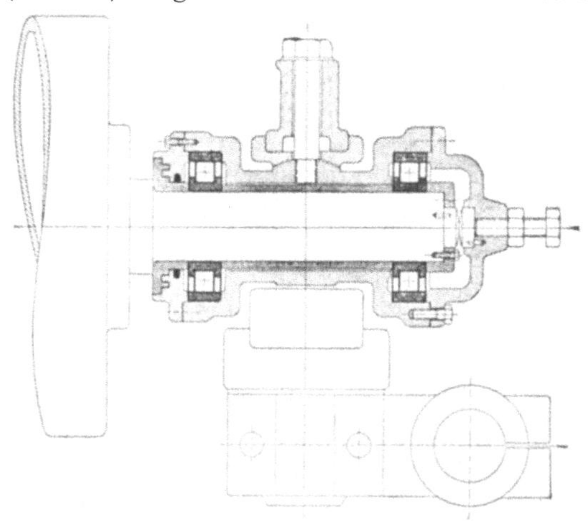

Fig. 196. Papiermaschine (Naßpartie).

Fig. 197. Abnehmbares Gehäuse für Wälzlager.

Häufig wird die Forderung gestellt, die gelagerte Welle leicht auswechselbar zu machen, ohne das Kugellager auszubauen, da der Käufer der Maschine keine Erfahrung im Einbau und Ausbau hat. Fig. 197 zeigt eine Möglichkeit. Die Buchse B erhält eine kegelige Bohrung, die auf dem passenden Wellenstumpf festgezogen wird. Nach Abnehmen der als Schleuderring ausgebildeten Scheibe S, die mittels Ring R den Innenring anzieht, kann das Gehäuse abgezogen werden. Zu beachten ist noch, daß die Konstruktion ohne Anwendung von Filzringen abdichtet.

WERKSTATTBÜCHER
FÜR BETRIEBSBEAMTE, VOR- UND FACHARBEITER
HERAUSGEGEBEN VON EUGEN SIMON, BERLIN

In Vorbereitung bzw. unter der Presse befinden sich:

Formmaschinen. Von Dipl.-Ing. Alfred Kaiser.

Herstellung der Lehren. Von Ing. Alexander Stich.

Belzen und Entrosten. Von Dr. mont. h. c. Otto Vogel.

Prüfen und Aufstellen von Werkzeugmaschinen. Von Ing. Willi Mitan.

Die Federn. Ihre Berechnung, Konstruktion und Herstellung. Von Direktor Ernst Kreißig.

Die Getriebe der Werkzeugmaschinen. Erster Teil. Von Dr.-Ing. W. Pockrandt.

Werkstoffprüfung. Von Prof. Dr.-Ing. P. Riebensahm.

Feilen. Von Dr.-Ing. Bertold Buxbaum.

Einzelkonstruktionen aus dem Maschinenbau. Herausgegeben von Dipl.-Ing. C. Volk, Direktor der Beuth-Schule, Privatdozent an der Technischen Hochschule zu Berlin.

Erstes Heft: **Die Zylinder ortsfester Dampfmaschinen.** Von Oberingenieur H. Frey, Berlin. Mit 109 Textfiguren. V, 40 Seiten. 1912.　　　　　RM 3.—

Zweites Heft: **Kolben.** I. Dampfmaschinen- und Gebläsekolben. Von Dipl.-Ing. C. Volk, Direktor der Beuth-Schule, Privatdozent an der Technischen Hochschule zu Berlin. II. Gasmaschinen- und Pumpenkolben. Von A. Eckardt, Betriebschef der Gasmotorenfabrik Deutz. Zweite, verbesserte Auflage, bearbeitet von C. Volk. Mit 252 Textabbildungen. V, 77 Seiten. 1923.　　　　　RM 3.60

Drittes Heft: **Zahnräder.** I. Teil: Stirn- und Kegelräder mit geraden Zähnen. Von Prof. Dr. A. Schiebel, Prag. Zweite, vermehrte Auflage. Mit 132 Textfiguren. VI, 108 Seiten. 1922.　　　　　RM 5.50

Viertes Heft: **Die Wälzlager, Kugel- und Rollenlager.** Unter Mitwirkung des Herausgebers bearbeitet von Ingenieur Hans Behr, Berlin (Berechnung, Konstruktion und Herstellung der Wälzlager) und Oberingenieur Max Gohlke, Schweinfurt (Verwendung der Wälzlager). Zugleich zweite Auflage des von W. Ahrens, Winterthur, verfaßten Buches „Die Kugellager und ihre Verwendung im Maschinenbau". Mit 250 Textabbildungen. V, 126 Seiten. 1925.　　　　　RM 7.20

Fünftes Heft: **Zahnräder.** II. Teil: Räder mit schrägen Zähnen (Räder mit Schraubenzähnen und Schneckengetriebe). Von Prof. Dr. A. Schiebel, Prag. Zweite, vermehrte Auflage. Mit 137 Textfiguren. VI, 128 Seiten. 1923.　　　　　RM 5.50

Sechstes Heft: **Schubstangen und Kreuzköpfe.** Von Oberingenieur H. Frey, Waidmannslust bei Berlin. Mit 117 Textfiguren. IV, 32 Seiten. 1913.　　　　　RM 2.—

Weitere Hefte befinden sich in Vorbereitung.